食养客家

张寿应 **著**

中国纺织出版社有限公司

内 容 提 要

闽西美食，融养于食，蕴厚归真；客家药膳更是讲究天时、地利、人和。本书以节令为纲，介绍了客家药膳在地方特产、时令颐养、烹饪技艺等方面的传承与考究，更见中医药人食养一体、健康惠民的情怀。本书介绍了客家药膳的制作方法及客家饮食文化，分为两篇，第一篇分"吃春""补夏""润秋""藏冬"4小节，介绍了各时令药膳，配有详细的菜品制作方法；第二篇介绍了客家饮食文化及作者对故乡美食的怀念。

图书在版编目（CIP）数据

食养客家 / 张寿应著 . -- 北京：中国纺织出版社有限公司，2024.10
ISBN 978-7-5229-1600-2

Ⅰ . ①食… Ⅱ .①张… Ⅲ .①客家人－饮食－文化－福建 Ⅳ .① TS971.202.57

中国国家版本馆 CIP 数据核字（2024）第 067043 号

责任编辑：范红梅　　责任校对：李泽巾　　责任印制：储志伟

中国纺织出版社有限公司出版发行
地址：北京市朝阳区百子湾东里 A407 号楼　邮政编码：100124
销售电话：010—67004422　传真：010—87155801
http://www.c-textilep.com
中国纺织出版社天猫旗舰店
官方微博 http://weibo.com/2119887771
天津千鹤文化传播有限公司印刷　各地新华书店经销
2024 年 10 月第 1 版第 1 次印刷
开本：880×1230　1/32　印张：4
字数：86 千字　定价：45.00 元

序

　　己亥初冬，有幸一游钟灵毓秀的福建龙岩，初识热情爽朗的张兄。匆匆行程，驻足于客家古村，折服于闽西美食，融养于食，蕴厚归真，饱享眼口之福，由生思慕之敬。近日，展观张兄新作，更震撼于客家药膳美食的丰沛积淀，于天时、地利、人和间游刃有余，于食美、食精、食养间自在徜徉。故惴惴然略表观感，以志推荐。民以食为天。美味食材往往成就于一方一时，尝鲜品食莫能远离天时、地利。然而，巧手烹饪的超凡脱俗依靠妙思巧技，大快朵颐的果腹满足之余，治养保健更依赖于浸润千年的智慧取舍。

　　福建闽西世居"客家祖地"，实为中华文明的坚守主场，原乡故土传承着原汁原味的"龙"文化生态。开卷浏览，得见客家药膳对地方特产、时令颐养、烹食技艺的爱重，更见龙岩中医药人对食养一体、健康惠民的情怀。阳春升阳，遇见韭菜河虾的鲜

I

爽，春笋炆煲的嫩脆，鼠曲粿谷的糯香。炎夏清暑，感受脊骨双豆的清滋，乌梅双花的酸润。秋韵解乏，奉上淡竹枣仁茶以除烦，百合肺肚汤以润肺。冬藏滋补，杜仲当归牛鞭汤大补雄风，沙参玉竹老鸭汤润养柔阴。还有酿豆腐、肉甲子、兜汤、打糍粑等地方日常美食一较厨技，护养一方，引人垂涎。

孔夫子说食不厌精、脍不厌细，中华饮食的智慧，潜藏于天时、地利，锤炼于经年累月的人和。一箪食，一瓢饮，顺应天成地造之大道。在看似不经意的日常生活中，精心烹制佳肴，用色香味、形意养的细节延续烟火气，尊崇大道，呈现文明，融融其乐，正是客家药膳文化的传统与新潮！

观山阅水，得益于灵秀；赏食品茗，得益于意趣。本书娓娓道来的客家美食、食养技艺，浸润着一脉相承的生活匠心、医药智慧，跃然于唇舌之上，杯盘之内，席面之间。主雅客来勤，相约一场说走就走的闽西之旅吧！

中国中医科学院基础所　杨威

庚子年午月　北京

目录

第一篇　客家药膳　　　　　　　1

什么是客家药膳　　　　　　　2

吃春　　　　　　　　　　　　5

　早春升阳第一菜　　　　　　7

　白扁豆鲤鱼汤　　　　　　　10

　白茅根小肚汤　　　　　　　12

　五指毛桃土茯苓脊骨汤　　　14

　蒲公英玉米须玫瑰花茶　　　15

　艾叶骨头汤　　　　　　　　17

　三鲜消火汤　　　　　　　　18

I

补夏   20

    上杭槐猪蹄清蒸香藤根   22

    山苍子根蒸猪肚   24

    土茯双豆祛湿汤   25

    鱼腥草鲫鱼汤   27

    败酱草大肠汤   28

    鸭脚草山麻鸭汤   29

润秋   30

    石橄榄小肠汤   31

    六棱菊蒸通贤乌兔   33

    溪黄煮鲫鱼   35

    葛根天麻鱼头汤   36

    淡竹枣仁茶   38

    沙参玉竹老鸭汤   40

藏冬   42

    牛奶根炖土鸡   46

    巴戟黑豆猪尾汤   47

    冬至客家姜酒鸡   49

    客家雄风大补汤   51

第二篇　客家饮食文化　53

客家菜的精髓　54

客家第一名菜——"大富"　56

又见三月三，鼠曲飘香来　58

药膳中的姜需要去皮吗　61

省酸增甘好脾气　64

小满田塍寻草药　67

"糍粑"糯甜丹桂香　69

红烧槐猪肉　71

美味芋荷儿时味　73

巷口那摊油炸糕　76

"兜汤"恋　79

客家重阳美食——板栗烧槐猪肉　81

母亲的味道——上杭簸箕粄　83

一碗十点钟就卖完的清汤面　85

又见蕉芋粉　87

三十年就吃那片豆腐干　90

十点钟吃肉圆配兜汤　94

汀州名菜——胛心肉炖腐竹　　　　97

再啖故乡芋子包　　　　99

"肉甲子"的前世今生　　　　102

"炸肉"情怀　　　　106

客家喜宴上菜风俗　　　　110

十月十三"做秋收"　　　　112

难忘儿时豆腐乳　　　　114

又见柿子红　　　　117

后记　　　　**119**

第一篇

客家药膳

什么是客家药膳

当美味与健康相遇的时候，就产生了药膳这一独特的美食文化。客家药膳，是闽西客家人将中草药运用于美食的典范。

早期，客家人大都生活在山区，生存条件恶劣。为增强体质，抵抗自然界各种毒害侵蚀，闽西客家人在生活中将中草药防疾御病与饮食生活有机结合起来，形成具有保健作用的美味。

据《中药大辞典》《福建植物志》等记载，常见客家民间药膳用的中草药有艾、淮山、白花酱、葛根、马齿苋、溪黄草等，这些药材配以骨、肉煲汤，集防治疾病于一身。

如流传长汀民间的败酱草梗煮豆腐，具有凉肺、通气、消暑功效。鱼腥草、败酱草、夏枯草煮猪小肠是很好的凉肠汤，可消暑生津、开胃增食欲。用香藤根蒸猪蹄可通络祛湿，胡椒炖猪肚可暖胃。还可用客家米酒炖阉鸡、茶油煮鸡蛋来做月子膳食等。这些食疗方法在当地深入人心，已成为家喻户晓的养生佳品。

凉茶也是闽西客家药膳的一大特色，种类繁多，如溪黄草、夏枯草、鱼腥草、车前草等，而且民间还盛传一些客家凉茶歌谣。风味小吃仙人冻，其主要原料仙人草，性甘淡凉，有清热利湿、凉血解暑、解毒之功效。

现在，龙岩"八大干""八大鲜""八大珍"等特色农业品牌享誉八方，其中独特的、极具养生保健价值的连城白鸭、长汀河田鸡、上杭槐猪肉等，配伍地道药材金线莲、巴戟天、灵芝等，游人访客赞不绝口。

从客家地区的龙岩市武平县的研究来看，《武平草药养生辑录》中共收录了368种可用于药膳的中草药，具有清热利湿、补益气血、滋阴温阳、安神养颜、强筋健体、活血通络、通乳明目等作用。这些收录中草药的不同部位，可做成61种药膳小食，其中包括45种粥、25种粄或者煎饼类。可以制出57道菜肴，熬制91种药膳汤，制作129道养生茶，同时还能泡出63种药酒。基本涵盖了日常保健、胃痛保健、孕妇保健、风湿痛、跌打损伤等保健药膳，可以满足不同的人群需求。

可见，闽西客家地区药膳的发展，是在一定社会、文化背景下，经历相当长的历史形成的。闽西客家人，将这种中医药文化渗透到生活的每一个角落，形成了特有的养生祛病方法和思维模式，不仅在维护闽西客家民众健康、人口繁衍中发挥着极其重要的作用，而且成为他们人生礼俗的重要组成部分，成为客家养生文化的重要载体。

吃春

山色连天碧，林花向日明；梁间玄鸟语，欲似解人情。春分时节，水波荡漾，春风盈袖，连阳光都带着氤氲的味道。古时，春分又被称为"日中""中夜分""仲春之月"等，是二十四节气中的第四个节气，也是一年中最美的时节。

春分，意味着春天真的到了，杨柳青青、莺飞草长、小麦拔节、油菜花香，一派生机勃勃的景象。人们开始欣喜地到郊外放风筝、采野菜，当然，还有一个重要的风俗——"吃春"。

吃春，即以春天的新芽、新叶为食，这是我国各地都有的民俗，但南北方时间不同。春分时节，北方还是春寒料峭，南方已是桃红李白了。这时的吃春，主要还是南方的为多。

古人云：不时不食。每个季节都有符合其气候条件而生长的时令菜，得天地之精气，此时食之，营养价值最高。

说到南方吃春，不得不提的就是春笋。春笋脆嫩鲜美，可嚼出清香和甘醇，被誉为"素食第一品"。春笋的营养价值很高，其纤维素、蛋白质含量高，而且富含B族维生素、矿物质等，具有消食、化痰、解毒、利尿的作用。

春笋味道清淡鲜嫩，营养丰富。含有充足的水分、丰富的植物蛋白以及钙、磷、铁等人体必需的营养成分和元素，特别是纤维素含量很高，常食有帮助消化、防止便秘的功能。

春笋的吃法多种多样，炒、煮、蒸、烧各有所爱。我最爱的吃法，也是闽西客家人最传统的家常做法——"炆"。

从农家买回刚挖的春笋，剥去笋壳，削洗干净，切成滚刀块或切成片。再买两斤筒骨，斩成段，五花肉切成厚方块，最重要的还要两条农家自己腌制的酸菜，清洗干净切长段。这些纯正的食材，放入大铝锅或大砂锅中，一次性加满水，大火烧开，转中、小火煲（客家人称为"炆"）3~4个小时。加入适量盐和鸡精，再"炆"5分钟左右，即可出锅享用了。笋脆而不烂，汤色清澈，甘鲜，原汁原味，乃春分第一美味！

早春升阳第一菜

"天街小雨润如酥，草色遥看近却无"，形容的恰是雨水刚过的早春景色！

春天如何养生？中医认为重在疏肝理气。

《黄帝内经》说："春三月，此谓发陈，天地俱生，万物以荣，夜卧早起，广步于庭，被发缓形，以使志生，生而勿杀，予而勿夺，赏而勿罚，此春气之应，养生之道也。逆之则伤肝……"。意思是说，立春开始后，自然界生机勃勃，万物欣欣向荣，此时，人们应当顺应自然界生机勃发之景，晚睡早起，多出门去散散步，放松形体，使情志随着春天生发之气，而不可违背它，这就是适应春天的养生方法。违背了这种方法，就会损伤肝脏。因此，春季以舒畅身体、调达情志为养生方法。

早春到底吃什么才能疏肝理气？

立春后，阳气初生，这段时间不管是食补还是药补，进补量都应有所减少，与此同时，立春后的饮食调养，要考虑春季阳气初生，宜食辛甘发散之品，不宜食酸收之味。

立春后，要少吃过于辛辣的食物，以及油炸、烧烤的食物。与冬季不同的是，立春后麻辣火锅要少吃，羊肉、狗肉也要少吃，这些食物都可能损耗阳气，导致上火。

早春时节，疏肝理气，可以考虑适当升阳养肝！在这方面，首推韭菜和韭黄。韭菜和韭黄，不仅是早春的美食，而且都有升阳功效。韭菜是温补肝肾、辛温补阳之物，韭菜含有较多的膳食纤维，可以把消化道中的头发、沙砾、金属屑或针"包裹"起来，排出体外，因此有"洗肠草"之称。韭黄是主治腹中冷痛、胃中虚热、腹泻、便秘等症的良药。韭菜和韭黄相比，韭菜升阳效果比韭黄好；但是，韭黄食用口感比较好。大家可以根据不同需求，分别选用。

这里分别推荐一款家常菜：韭黄炒冬笋和韭菜炒河虾，均有升阳作用。

韭黄炒冬笋

材料：鸡蛋750克左右，韭黄300克左右，鱼露适量，油（推荐用自然压榨山茶油）适量。

做法：韭黄用清水浸泡30分钟，择洗干净，沥干，用厨房剪刀剪成段。冬笋切片，热油锅，加入适量的山茶油，倒入冬笋片，快速翻炒至断生，放入韭黄、葱白，炒匀，倒入适量的鱼露调味，即可关火。

韭菜炒河虾

材料：新鲜河虾250克，韭菜50克，红椒3只，油（推荐用自然压榨山茶油）、盐适量，生抽少许。

做法：先将河虾剪去尖嘴，用淡盐水泡后再反复冲洗干净，滤干水，韭菜切小段，红椒切斜圈；坐锅烧热，下河虾，小火煸至变红色，盛出备用；坐锅热油，放虾炒香，下红椒和韭菜翻炒均匀，调盐味，淋少许生抽即可出锅。

小贴士

韭菜：《本草纲目》中记录，韭菜有"生汁主上气，喘息欲绝，解肉脯毒。煮汁饮，能止消咳盗汗。韭籽补肝及命门，治小便频数，遗尿"之功效。

韭菜，其根味辛，入肝经，温中行气，散瘀；叶味甘辛咸，性温，入胃、肝、肾经，温中行气，散瘀，补肝肾，暖腰膝，壮阳固精。不仅能消炎杀菌，还有温中下气、健胃补虚等功效，是食疗菜中很常见的材料。

河虾：现代医学认为，虾的营养价值极高，能增强人体的免疫力和性功能，具有补肾壮阳、抗早衰的作用。中医认为虾有助于缓解肾虚、阳痿、畏寒、体倦、腰膝酸痛等病症。

白扁豆鲤鱼汤

立春一过，人们经过漫长的冬天，进入了万物复苏的初春时节。春天，人体最需要的是疏肝理气、健脾养胃。这里推荐给大家的是客家人擅长的健脾养胃汤——白扁豆鲤鱼汤。

材料：鲤鱼1条（750克左右），白扁豆100克（先浸泡1小时），陈皮10克，生姜少许，油（推荐用山茶油）、盐适量。

做法：将白扁豆和陈皮（去白）、生姜分别洗净备用；鲤鱼去掉腮和内脏后洗净；起锅，放山茶油适量，然后将鲤鱼放进油锅中略煎，直到两面稍黄即可，备用；将白扁豆、陈皮和生姜放进砂锅内，加清水用武火煮沸后，把鲤鱼放进去，改中小火一起煮，直到白扁豆烂熟，即可加调味料，随后食用。

功效：健脾养胃，利水消肿。

小贴士

鲤鱼：中医认为，鲤鱼性味甘平，有利尿消肿、安胎通乳、清热解毒、止嗽下气的作用，对各种浮肿、腹胀、少尿、黄疸、乳汁不通皆有益。鲤鱼对孕妇胎动不安、妊娠性消肿有很好的食疗效果。鲤鱼具有很高的营养价

值，每100克肉中含蛋白质20克，脂肪1.3克，碳水化合物1.8克，钙65毫克，磷4.7毫克，铁0.6毫克，并含10多种游离氨基酸，这是其产生美味的主要成分。另外还含有维生素B_1、维生素B_2、维生素A、维生素C、烟酸等多种维生素及组织蛋白酶。

白扁豆：《中国药典》记载，白扁豆"健脾胃，清暑湿。用于脾胃虚弱、暑湿泄泻、白带"。总之，白扁豆一身是宝，它的果实（白扁豆）、果皮（扁豆衣）、花、叶均可入药。其性味甘微温，入脾、胃二经，有补脾胃，和中化湿，消暑解毒的功效，主治脾胃虚弱、泄泻、呕吐、暑湿内蕴、脘腹胀痛、赤白带下等病，又能解酒毒。

白茅根小肚汤

仲春时节，乍暖还寒，虽是万物复苏之时，却也是"春困"来袭之季。女性朋友既想在工作时保持抖擞的精神和美丽的容颜，又不想在增加营养的同时增加体重！这里推荐的这款祛湿消肿的白茅根小肚汤，正好适合春季女性朋友保健养生！

材料：白茅根30克，玉米须30克，红枣10个，猪小肚2个，黄酒1汤匙，生姜2片。

做法：将猪小肚剖开，用面粉反复搓揉，然后用清水冲洗，如此两遍；用盐反复搓揉，然后用清水冲洗两遍；冲洗干净以后切块，放入开水锅中，加入1汤匙黄酒，生姜2片，煮5分钟，取出，在清水中冲洗干净，备用。红枣去核，与白茅根、玉米须一起洗净，用清水稍浸泡片刻，再与猪小肚一起放入瓦罐内，加入清水6碗左右。大火煮沸后，加入少量山茶油，改用小火煲2小时，加入适量食盐，即可食用。

功效：清热利湿，凉血，益脾补肾。

小贴士

白茅根：白茅根味甘性寒，归肺、胃、膀胱经，有凉血止血、清热利尿之效。用于血热吐血、衄血、尿血、热病烦渴、黄疸、水肿、热淋涩痛，急性肾炎水肿。

玉米须：玉米须，性味甘淡而平，入肝、肾、膀胱经，中医认为玉米须有利水消肿、凉血、泻热、祛除体内湿热之气、平肝利胆等功效。

猪小肚：猪小肚具有止渴、缩尿、除湿、清热利湿、益脾补肾的功效。

红枣：健脾益胃，补中益气，补血安神。

五指毛桃土茯苓脊骨汤

仲春闰月天声佳，天岂有意迟群葩。惊蛰、春分二节气，即所谓仲春时节。满眼是春和景明，鸟语花香，桃红柳绿的景象。仲春时节，多风干燥，易鼻子出血、咽喉肿痛、长口疮、便秘，也就是人们常说的"上火"。

《黄帝内经》云："春气之应，养生之道"。故仲春养生在精神、饮食、起居诸方面，都必须顺应春天阳气升发、万物始生的特点，注意顾护阳气，着眼于一个"生"字。这里给朋友们推荐一款清热、健脾、祛湿、解困的五指毛桃土茯苓脊骨汤。

材料：五指毛桃30克，土茯苓30克，猪脊骨500克，老生姜2片。

做法：五指毛桃、土茯苓洗净，稍浸泡；猪脊骨斩块，洗净；起锅加水，放入猪脊骨，烧开后煮3分钟，捞起，用清水漂洗干净备用。取蒸瓮一个，放入所有材料，加入老生姜2片，加水至蒸瓮的八成；厨房用吸水纸两层，浸水，包裹蒸瓮盖，盖上蒸瓮盖，置于电蒸锅中，用蒸汽蒸2.5小时，取出加入食盐适量，调味即可食用。如果没有蒸瓮，也可以用一般的蒸碗和电饭锅蒸。

功效：清热、健脾、祛湿、解困、壮腰、清肝润肺。

蒲公英玉米须玫瑰花茶

仲春以来万物复苏，郊外一片"绿柳才黄半未匀"的迷人景色！人们都迫不及待扑进大自然的怀抱，在尽情享受美丽风光之后，不免口干舌燥。忽然袅袅飘来一句："昨日东风吹枳花，酒醒春晚一瓯茶"！是啊，这时如能喝上一杯茶，那真是："竹下忘言对紫茶，全胜羽客醉流霞"！正在你惆怅喝什么茶的时候，我来为你奉上一款养生美容的应时花茶——蒲公英玉米须玫瑰花茶！

材料：蒲公英，玉米须，玫瑰花。

做法：将上述配方材料用清水分别冲洗干净。将蒲公英、玉米须、适量冰糖用矿泉水烧开，煮10分钟后，关火；加入玫瑰花闷泡3~5分钟，即可以饮用。

功效：疏肝理气解郁，和血散瘀，养颜消炎。

<table>
<tr><td>小贴士</td></tr>
<tr><td>这款饮品最适合女性上班族等工作紧张的人群，在仲春时节饮用，可预防乳腺疾病。</td></tr>
</table>

蒲公英：《中国药典》记载，蒲公英，味苦、甘，性寒，归肝、胃两经，具有清热解毒、消痈散结、利湿通淋的功效，可用于治疗内外热毒、痈肿疗毒；具有通经下乳的功效，可治疗乳痈、内痈。蒲公英还具有清肝明目的功效，可治疗热淋涩痛、湿热黄疸以及肝火上炎所引起的目赤肿痛。

玫瑰花：《中国药典》记载，玫瑰花味甘、微苦性温，归肝、脾经，有行气解郁、和血、止痛之效。用于肝胃气痛，食少呕恶，月经不调，跌扑，伤痛。研究表明，玫瑰花还有美容作用，对雀斑有明显的消除作用，同时还有养颜、消炎、润喉的特点。玫瑰花茶性质温和、男女皆宜。可缓和情绪、平衡内分泌、补血气，对肝及胃有调理的作用，可缓解疲劳、改善体质。玫瑰花茶还有助消化，是美容养颜瘦身的佳品。由于玫瑰花茶有一股浓烈的花香，治疗口臭效果也很好，长期饮用还可改善睡眠。

便秘者和孕妇，应避免服用玫瑰花茶。

玉米须：《中国药典》记载，玉米须，性味甘淡而平，入肝、肾、膀胱经。中医认为，玉米须有利水消肿、凉血、泻热之效，祛除体内湿热之气、平肝利胆，还能抗过敏，有助于治疗肾炎水肿、肝炎、高血压、胆囊炎、胆结石、糖尿病、鼻窦炎、乳腺炎等。

艾叶骨头汤

三月的周末，正是踏青的美好时光！三两好友，携上家人来到郊外，一眼望去，正是"霜染青春野水涯，沉香淡淡恰如花"。走近一看，艾枝微黄菖蒲间，叶繁簇簇清香鲜，不禁一阵惊喜！又到艾叶飘香时，儿时的记忆涌现眼前！艾叶飘香，手捧温润如玉的艾叶粿，品一缕馨香，现万千柔情。现在想来，不禁口水直流！不过，这次给朋友们推荐的不是大家都熟悉的艾叶粿。因为踏青归来，大家都很疲惫了。所以，我要推荐给大家的是一款家常做法的艾叶骨头汤。

材料：猪上排500克，艾叶干品30克（因为艾叶苦味，选用30~50克比较合适）。

做法：猪上排斩块。起锅加入适量清水，放入猪上排，烧开后煮1分钟，捞出，清水冲洗干净；艾叶用清水冲洗干净；将猪上排和艾叶一起放入蒸碗中，加水，和米饭一起置于电饭锅上，隔水蒸1小时，起锅，放入适量食盐，调味即可。

三鲜消火汤

"问东城春色，正谷雨，牡丹期。想前日芳苞，近来绛艳，红烂灯枝"。又是一年谷雨至！谷雨时节，春季将尽，夏季将至，万物生长，蒸蒸日上。我们的养生保健也要顺应季节作出调整。谷雨时分，自然界阳气骤升，易引动体内蓄积的内热而生肝火，继而诱发春日常见的鼻腔、牙龈、呼吸道、皮肤等出血，以及头痛眩晕、目赤眼疾等疾患，这就是所谓春季上火，即"春火"。

谷雨节气间，脾脏处于旺盛时期。脾旺盛会促使胃部强健，使得消化功能旺盛，有利于营养的吸收，所以这时正是补身体的大好时机。但是进补要适当，不宜太过，特别不宜多食羊肉等。可以食用一些具有补血益气功效的食物，提高身体素质，适当进补，调养肝肾，抵抗春瘟，重在养肝清肝、滋养明目。

谷雨前后饮食上以清淡为主，可以适当多吃优质蛋白质类食物，还要防止体内积热。为此，这里为你制作了一款清热解毒、补充蛋白的白鸭蛋、白茅根、青橄榄三鲜消火汤。

材料：连城白鸭蛋2个，鲜白茅根20克（如果没有鲜品可用干品，清洗干净），青橄榄2个。

做法：三种食材放入蒸碗中，加入适量矿泉水，隔水蒸30分钟。成品汤色清澈，味道清甜，入口稍苦涩，回味甘甜。鸭蛋香嫩，是嫩荷包蛋的口感。

功效：清火解毒，补充优质蛋白。

小贴士

白鸭蛋：连城白鸭具有清热解毒、祛痰开窍、宁心安神作用，是我国唯一药用鸭。该鸭富含18种人体必需的氨基酸和10余种微量元素，具有健脾护胃、养颜补肾之功效，其口味独特，肉汁鲜美，为鸭中极品。白鸭蛋是优质蛋白，具有清热解毒、滋阴降火作用。

白茅根：《本草经集注》记载，白茅根味甘苦，性寒，无毒，入肺、胃、小肠经，有凉血止血、清热解毒之效。用于吐血，尿血，热淋，水肿，黄疸，小便不利，热病烦渴，胃热呕哕，咳嗽。

青橄榄：性味甘、涩、酸、平，入肺、胃经，其含蛋白质、脂肪、碳水化合物、钙、磷、铁、维生素等，能生津、利咽、解毒。可用于咽喉肿痛，烦渴，咳嗽吐血，菌痢，癫痫等症。

补夏

五月来了！"却是石榴知立夏，年年此日一花开"，艳丽的石榴花提醒人们，我们已经告别了春的娇嫩，即将迎来夏的灿烂。

"蝼蝈鸣，蚯蚓出，王瓜生，苦菜秀"，正是立夏节气的景象。立夏时节，"小荷才露尖尖角，早有蜻蜓立上头"。乡间田埂的野菜也都彼此争相出土，日日攀长，大自然表现出欣欣向荣的景象。

从立夏开始，意味着进入炎热的夏天。早年，客家人都生活在山区，夏天有繁重的农活，人们在热天容易掉膘退瘦。因此，有着立夏吃五色饭和鸭蛋的风俗，称为"补夏"。

传说，立夏吃蛋可使人在夏天不会消瘦，不减轻体重，劲头足，干活有力。特别是鸭蛋中的钙、铁等无机盐含量丰富，是夏日补充钙、铁的首选。

立夏过后，天气变热，人们会觉得烦躁上火，食欲也会有所下降。因此，立夏的饮食原则是"增酸减苦、补肾助肝、调养胃气"。具体说来，饮食应清淡，以易消化、富含维生素的食物为主。

上杭槐猪蹄清蒸香藤根

材料：上杭槐猪蹄1000克，香藤根50克，黄酒1汤匙，老生姜3片。

做法：上杭槐猪蹄刮干净毛，清洗干净，斩成2.5厘米厚的圆筒块。起锅加入适量清水，加入黄酒，开后倒入猪蹄圆筒块，煮3分钟捞出，用清水冲洗干净，取大约2升的蒸碗，码上处理好的猪蹄圆筒块，加入用清水冲洗干净的香藤根50克，去皮老生姜3片，食盐适量。盖上蒸碗盖，置于电蒸锅中，用蒸汽蒸2小时，取出，打开盖，夹出生姜片。取一个深盘，把蒸碗猪蹄和香藤根倒扣入其中，汤汁调味拌匀，浇上即可。

功效：祛湿，通络。

小贴士

槐猪：据《上杭县志》记载："槐猪本地产，毛润泽，肉质甜美"。槐猪（俗称"乌猪"）在上杭县已有上千年的饲养历史，槐猪采取传统饲养方法，饲养时间长，其肉具有氨基酸含量高、含钙高、胶质含量丰富、肌纤维细、胆固醇含量低、营养丰富、口感细嫩、香甜鲜美的特点，香藤子根具有祛湿、通络作用，因此，香藤子根蒸上杭槐猪蹄具有独特的保健功效！

香藤根：香藤根味苦辛，性微温，小毒。有祛风活血、通经活络之效。有助于缓解风湿性关节炎、腰痛、跌打损伤、闭经。

食用禁忌：香藤根有小毒，用量控制在30克以内为宜；孕妇及体质阴虚者忌用。

山苍子根蒸猪肚

材料：山苍子根30克，猪肚1只（约750克），盐、味精适量。

做法：山苍子根清洗干净备用，猪肚里面翻过来，用面粉反复搓洗，再用盐反复搓洗干净。起锅加入清水，放入处理好的猪肚，加入料酒、生姜片，煮开至断生，捞出用清水清洗干净，切成片。取蒸碗一个，放入山苍子根，码上猪肚片，洒上适量的盐，隔水蒸1.5小时即可食用。

功效：祛风散寒，温胃止痛。

小贴士

山苍子根：山苍子根味辛性温，归脾、胃、肾、膀胱经，有温中散寒、行气止痛之效。用于胃寒呕逆，脘腹冷痛，寒疝腹痛，寒湿郁滞，小便浑浊。

食用禁忌：阴虚火旺及实热火盛者禁服。

土茯双豆祛湿汤

炎炎夏日湿气较重，但不要过于担心，美味中有祛湿之方！这里为你推荐一款由我和中医专家研究的祛湿良方——土茯双豆祛湿汤。

材料： 猪骨（排骨或者脊骨）；土茯苓干品，赤小豆，白扁豆，生地，薏米，芡实，陈皮。

做法： 猪骨斩块，起锅加入清水和猪骨，烧开水后煮3分钟，倒出，用清水冲洗干净备用；土茯苓、赤小豆、白扁豆提前用清水浸泡1小时，然后用清水冲洗干净备用；辅料用清水冲洗干净备用。取一个蒸碗，放入猪骨和各种主辅料，加入适量的清水，放入电蒸锅中蒸1.5小时，取出，加入食盐调味，即可食用。

功效： 祛湿解毒，健脾胃，清暑湿。

小贴士

土茯苓:《滇南本草》记载，土茯苓别名白余粮、刺猪苓、过山龙、硬饭、仙遗粮、冷饭团，味甘淡，性平，归肝、胃、脾经，有解毒、除湿、利关节之效。可治梅毒，淋浊，筋骨挛痛，脚气，疔疮疮，痈肿，瘰疬，筋骨疼痛。

赤小豆:《神农本草经》记载,赤小豆别名红豆、野赤豆、红饭豆、米赤豆、赤豆,性平,味甘、酸,入心、小肠经。利湿消肿、清热退黄、解毒排脓。

白扁豆:《中国药典》记载,白扁豆性味甘,微温,入脾胃二经,有健脾胃、清暑湿之效。用于脾胃虚弱、暑湿泄泻。主治脾胃虚弱、泄泻、呕吐、暑湿内蕴、脘腹胀痛、赤白带下等病,又能解酒毒。

生地:《中国药典》记载,生地性甘寒,归心、肝、肾经,清热凉血、养阴、生津。主治热病舌绛烦渴,阴虚内热,骨蒸劳热,内热消渴,吐血,衄血,发斑发疹。

薏米:《本草纲目》记载,薏米性味甘淡,微寒,有利水消肿、健脾去湿、舒筋除痹、清热排脓等功效,可用于治疗水肿、脚气、小便不利。

芡实:《中国药典》记载,芡实固肾涩精,补脾止泄,利水渗湿。治遗精,淋浊,带下,小便不禁,泄泻,痢疾,着痹。

鱼腥草鲫鱼汤

材料：鱼腥草25克，鲫鱼500克，陈皮10克，姜3~5片。

做法：鱼腥草洗净备用；鲫鱼剔除内脏，洗净备用；将鱼腥草、鲫鱼放入汤碗中，放入陈皮、姜片，注入清水，放入锅中隔水蒸煮约半小时即可。

功效：清热利湿，健脾。

败酱草大肠汤

材料：猪大肠300克，败酱草30克，盐、味精适量。

做法：猪大肠反复冲洗干净，去除肥油，切段备用，败酱草放入清水浸泡备用；锅中放入适量的水，水开后放入大肠和败酱草同炖1.5~2小时，出锅前调味即可。

功效：清凉解毒，利湿排脓。

小贴士

本药膳适用于肠痈，下痢，赤白带下，痔疮等症候人群。久病胃虚脾弱，导致泄泻、食欲不振，以及虚寒体质、高脂血症等人群，不宜食用。

败酱草：味辛、苦，性微寒，归胃、大肠、肝经，清热解毒，祛瘀排脓，利湿。用于肠痈，肺痈，痈肿疔疮，湿热泄痢，黄疸尿赤，目赤肿痛，产后腹痛。

猪大肠：别名猪脏。味甘，性微寒，归大肠、小肠经，清热，祛风，止血。主治肠风便血，血痢，痔漏，脱肛。

鸭脚草山麻鸭汤

材料：鸭脚草15克，水鸭1000克，适量盐。

做法：鸭肉洗净切块，焯水备用；材料加入清水1000毫升，适量盐，蒸煮约60分钟后，即可起锅。

功效：清热凉血，利尿解毒。

润秋

　　"玉露糕"是一道流传千古、老少皆宜的养生保健名点。"玉露糕"是将葛根、桔梗、绿豆三者合用，清热生津、润肺益胃、祛痰止咳。绿豆味甘、性凉，入心、胃经，可清热解毒、益胃，秋季常食用，可以养阴、清热、润燥。中老年人有咽喉干燥、唾液减少，舌面光滑少苔，口角皲裂疼痛、脱落皮屑等一系列症状者，常食用玉露糕可有很好的效果。

　　中医认为，燥易伤肺，因而"肺燥"是秋季大家听到最多的名词。在干燥的气候环境中，人体可由此产生诸多津亏液少的"干燥症"，如肺脏受伤，多有咳嗽。秋之咳嗽，常为干咳无痰或胶痰难咯，秋燥所袭还会导致咽干、口燥、音哑等不适。因此，润秋，是秋天的养生之要。"玉露糕"正适合润秋的需要。

石橄榄小肠汤

材料：石橄榄50克，小肠250克，生姜少许，盐适量。

做法：把小肠洗净，焯水，切段。把石橄榄洗干净，放入炖锅，加入姜片、小肠段，先大火烧开10分钟，转小火炖1小时左右，出锅前调入食盐即可。

功效：清肺润燥，养胃生津。

小贴士

本药膳适用于肺热咳嗽、咽喉肿痛、胃火牙痛、口干欲饮等人群。

石橄榄：味甘，微苦，性凉，归肺、肾经，有养阴、清热、利湿、散瘀之效。治肺热咳嗽、吐血、眩晕、头痛、梦遗、咽喉肿痛、风湿疼痛、湿热浮肿、痢疾、白带、疳积、跌打损伤。脾胃虚寒者不宜长期使用。

猪小肠：猪小肠营养丰富，含有钙、镁、硫胺素、铁、核黄素、锰等人体所需的营养素，但是它的胆固醇含量较高，每百克含胆固醇

183毫克，有血脂偏高者、高胆固醇者不宜食用。中医认为，猪小肠有润燥、补虚、止渴止血之功效。可用于治疗虚弱口渴、脱肛、痔疮、便血、便秘等症。

六棱菊蒸通贤乌兔 ❶

材料：上杭通贤乌兔1只（1000克左右），六棱菊干品30克。

做法：乌兔宰杀，脱毛，冲洗干净，斩块，头部中间一剖两半，放入大约容量为3升的汤碗中；六棱菊清水冲洗干净，放入汤碗中，加入矿泉水，至汤碗的八成，盖上汤碗盖，放入适当的蒸锅中，隔水，用木炭炉火加热（如果没有木炭炉，用电蒸锅也可），水开后改为中小火蒸1.5小时，加入适量食盐调味即可。

功效：清肝明目，清食健胃，去积生津。

小贴士

六棱菊：味苦、辛，性微温。全草有清热解毒，散瘀消肿，祛风利湿之效，用于感冒咳嗽、气管炎、肺炎、口腔炎、胃寒气痛、活血解毒。其根有调气补虚、清热解表之效，用于妇女虚劳、闭经、风热感冒。

通贤乌兔：别名黑毛福建兔，分布在福建全省农村，上杭县通贤乡是全省黑毛福建兔最多的地区，2002年福建省农业农村厅将上杭通贤列为黑毛

---

❶ 此通贤乌兔为养殖品种。

福建兔保育场所在地。通贤乌兔被毛黑色，毛短紧贴皮肤，富有光泽，其头形清秀、耳短稍厚并向前倾斜，无肉髯，双眼黑色有神，头、颈、腰结合良好，四肢有力，全身结构紧凑匀称，野性强。

中医认为兔肉味甘，性寒，归肝、大肠经，具有健脾补中、凉血解毒的功效。适用于胃热消渴、反胃吐食、肠热便秘、肠风便血、湿热痹、丹毒等。脾胃虚寒者不宜服。

溪黄煮鲫鱼

材料：溪黄草15克，鲫鱼500克，适量姜片、盐。

做法：鲫鱼去除内脏清洗干净，溪黄草洗净，一同放入炖锅，注入清水和片姜，隔水炖45分钟，加盐调味。

功效：清肝利胆。

小贴士

本药膳一般人均可食，尤其适用于急性黄疸型肝炎、急性胆囊炎、痢疾、肠炎、癃闭、跌打瘀痛患者。脾胃虚寒者忌服。

溪黄草：味苦，性寒，归肝、胆、大肠经，有清热利湿、凉血散瘀之效。用于湿热黄疸、胆胀胁痛、痢疾、泄泻、跌打损伤。

鲫鱼：见鱼腥草鲫鱼汤。

葛根天麻鱼头汤

材料：鲜葛根100克，鲢鱼头1个，天麻15克，枸杞子10克，红枣8颗，料酒2汤匙，精盐、葱段、姜片各适量。

做法：鲢鱼头洗净去鳃，用油炸一下，捞出待用；葛根去皮洗净切薄片；将天麻切成片，枸杞子洗净待用；砂锅中加入500克清水，放入主料，用旺火煮15分钟左右；撇去浮沫，加入料酒、葱段、姜片，用小火煮约30分钟，加入精盐调味即可食用。

功效：平肝熄风，益智安神。

小贴士

本药膳可作为头痛头晕患者辅助食疗，有增强记忆力、预防老年痴呆之作用。

葛根：为豆科植物野葛的干燥根，称野葛。秋、冬二季采挖，趁鲜切成厚片或小块；干燥。葛根味甘、辛，性凉，有解肌退热、透疹、生津止渴、升阳止泻之功。常用于表证发热，项背强痛，麻疹不透，热病口渴，阴虚消渴，热泻热痢，脾虚泄泻。

天麻：又名明天麻、赤箭根、独摇芝、定风草、合离草、神草、鬼督邮等；呈椭圆形或长条形，略扁，皱缩而稍弯曲。天麻于立冬后至次年清明前采挖，味甘，性平，归肝经，适用于虚火头痛、眼黑肢麻、神经衰弱、高血压头昏等患者。《中华本草》言气血亏虚者慎用。现代药理研究认为，其具抗惊厥、保护神经、改善记忆、抗焦虑的作用。食用方法主要是炖汤。

鱼头：鱼头肉质细嫩，营养丰富，除含蛋白质、脂肪、钙、磷、铁、维生素B_1之外，还含有卵磷脂，该物质被机体代谢后能分解出胆碱，最后合成乙酰胆碱，乙酰胆碱是神经元之间传送信息的一种最重要的"神经递质"。鱼头还含丰富的不饱和脂肪酸，它对脑的发育尤为重要，可使大脑细胞活跃，因此，常吃鱼头不仅可以健脑，还可以延缓脑力衰退。中医认为，鱼头性温，味甘，有益精填髓的功效。

淡竹枣仁茶

炎炎夏日，人们倍感疲惫，不知不觉间已是深秋时节。"庭户无人秋月明，夜霜欲落气先清"，秋天虽然凉爽，如果不注意保养，也很容易带来不适！一般来说，秋季养生的重点在于养阴防燥。秋季阳气开始变淡，阴气生长，此时保养体内阴气是非常重要的，而养阴的关键则在于防燥，应顺应秋季的自然特性来养生。这里为您推荐一款养阴防燥、清心安神的淡竹枣仁茶。

材料：淡竹叶，白茅根，酸枣仁，红枣。

功效：淡竹叶清心火、去胃热、利小便；白茅根补中益气、凉血、止血、清热、利尿；酸枣仁养肝、安神、敛汗，适应失眠健忘、阴血不足、心悸怔忡等症。红枣有补中益气、养血安神、缓和药性的功能。因此整个组方十分合理，有清火安神作用，很适合白领阶层饮用，有解酒功效。

小贴士

淡竹叶：《握灵本草》记载，淡竹叶可去胃热、清心火、除烦热、利小便，可治热病口渴、心烦、小便赤涩、淋浊、口糜舌疮、牙龈疼等症。

白茅根:《神农本草经》记载，白茅根劳伤虚羸、补中益气、除瘀血、血闭寒热、利小便、凉血、止血、清热、利尿。治热病烦渴、吐血、衄血、肺热喘急、胃热哕逆、淋病、小便不利、水肿、黄疸。

酸枣仁:酸枣仁实酸平，仁则兼甘。专补肝胆，亦复醒脾。熟则芳香，香气入脾，故能归脾。酸枣仁的功效与作用非常多，不仅有养肝、安神、敛汗的功效，而且可以治疗体虚、盗汗等，可用于治疗失眠健忘、阴血不足、心悸怔忡等症状。

红枣:《神农本草经》记载，红枣味甘性温、归脾胃经，有补中益气、养血安神、缓和药性的功能；而现代的药理学发现，红枣含有蛋白质、糖类、有机酸、维生素A、维生素C、多种微量钙以及氨基酸等丰富的营养成分。

第一篇　客家药膳

沙参玉竹老鸭汤

天气一冷，很多人都喜欢吃火锅，坐在开着暖气的室内，再加上吃一些辛辣的食物，使内热不断聚集。很多人喜欢进食牛羊肉来御寒，这些肉类本身属温热之品，加上葱、姜、蒜、辣椒等辛辣配料和桂皮、生姜、枸杞、当归等滋补之品，可谓"燥上加燥"，人食用后体内容易积热，不易散发，容易导致上火。作息时间不规律、夜晚休息不够、过度劳累等也是导致上火的重要原因。工作强度大，许多人难免会烦躁、焦虑，也容易上火。"火"散不出去就成了"毒气"，使机体免疫力下降。

因此，秋冬季上"火"不宜用寒凉之物泻火，宜滋阴调整。这里为你推荐一款秋冬养阴之沙参玉竹老鸭汤。

材料：老鸭1只，沙参、玉竹适量，姜、花椒、葱、盐适量。

做法：沙参、玉竹清洗后加清水浸泡。鸭肉煲汤前需要先焯水，取蒸瓮一个，放入所有材料，倒入水，加鸭肉，盖上盖，蒸3小时左右，开盖加盐调味，焖一会儿即可。

功效：沙参玉竹老鸭汤的主料是老鸭肉、北沙参和玉竹。此药膳菜谱根据中医秋冬季养阴的理论，结合客家地区的传统做法，经过反复试验而成。此菜是客家传统的名菜，具有养阴清热、益胃生津、润肺止咳、清心安神的功效，适合秋冬养生调理，特别适合体虚和糖尿病者。

小贴士

老鸭:《本草纲目》记载鸭肉性味甘、寒，填骨髓、长肌肉、生津血、补五脏，主大补虚劳，最消毒热，利小便，除水肿，消胀满，利脏腑，退疮肿，定惊痫。

沙参：味甘、微苦，性微寒，归肺、胃经，养阴清热，润肺化痰，益胃生津。主阴虚久咳，痨嗽痰血，燥咳痰少，虚热喉痹。

玉竹：味甘，性平，归肺、胃经，质润和降。主治燥热咳嗽，虚劳久嗽；热病伤阴口渴，内热消渴；阴虚外感，寒热鼻塞；头目昏眩，筋脉挛痛。具有润肺滋阴、养胃生津的作用。

藏冬

农历的十一月，正是"寒风摧树木，严霜结庭兰"的时节。冬季养生，是人们围炉夜话的热门话题。《黄帝内经》云："冬三月，此谓闭藏。水冰地坼，无扰乎阳，早卧晚起，必待日光，使志若伏若匿，若有私意，若己有得，去寒就温，无泄皮肤，使气亟夺。此冬气之应，养藏之道也；逆之则伤肾，春为痿厥，奉生者少。"用现在的话来理解，冬季3个月包括立冬、小雪、大雪、冬至、小寒、大寒等6个节气，冬季是阳气闭藏的季节，草木凋谢，种子埋藏在冰雪之下，动物冬眠，水面结冰。这时节人要早点睡觉，太阳出来再起床，以便顺应大自然的冬"藏"之机。

在五脏中肾主水，对应的季节是冬季，肾为先天之本，生命之根，肾藏精，精宜藏而不宜泄，精泄多了就伤了阳气，若人们在冬天伤了阳气就伤了肾。

如果冬天没有藏好，到了春天就会腿没有劲、抽筋、半身不遂等，这都属于痿症，冬天肾水没有藏住，春天就会出现痿症、肝病、筋脉松弛等。"厥"就是四肢冰冷，如果冬天藏精不够，到了春天会手脚冰凉，春天的病从冬天来。如果冬天没有养好，给春天生发的力量就不够了。

那么，冬季养生应该注意什么？

冬天夜长日短，人们应顺应自然，增加睡眠时间，在冬天熬夜的伤害比平常更大，冬季不要晚睡。晚11点之前要上床休息。冬天避免"冷"健身（冬泳、冷水浴等），现代人工作生活节奏快、压力大、生活不规律，大多体质以偏虚为主，无论是冬泳还是洗冷水澡，看似一种锻炼身体的方式，其实身体要耗费很多的自身热量（阳气）来抵御寒冷，对本来就体质偏虚的人来说尤为不宜。

冬天里不要做出汗太多的运动，汗液属于"津液"，剧烈运动后，毛孔开张，阳气随汗液外泄。冬天不要把皮肤外露，不在冬天减肥，节食、运动或者药物利尿的方法，都是在短时间内消耗大量的热量，属于"泄"的范畴，减肥不适合在冬天进行。

冬季是以"封藏"为本，需要我们保存实力，如果阳气外泄，容易出现疲乏、感冒、头晕、手足冰凉的症状。在冬天不要因寒冷而多蒸桑拿，无论湿蒸还是干蒸，都会造成汗水大量流泻，同样不利养生。冬季一定要懂得收敛，每周洗澡1~2次就可以了。

在冬天不宜做拔罐等排毒功效的保健方式，凡是泄的方式都不适宜在冬天进行。冬天的养生要避寒，寒从足生，保持足部的温暖才有助于身体温暖。足部有60多个穴位，三阴经和三阳经都走足；足底有涌泉穴，属肾经。洗脚要用温热水泡20分钟以上为佳，应该泡到脚腕以上。沐足时，用川椒 10克、食盐10克煮水，放进高桶里，高桶泡脚，热水至少要泡到小腿部位。

冬天少吃凉拌菜菜、凉面和性能偏寒的食品。酒最好要温了再喝，不要耗费胃中的阳气，黄酒温和养人，冬天可适量饮用(一瓶黄酒放三颗咸话梅，加热，口感佳)。在冬季吃植物的根部和果实，是"应时佳品"。冬天植物凋零，植物的营养保存在根部与果实之中，因故，吃种子类和果实类的食品是很好的滋补。

冬天是补肾的好时机，一些黑色食品都有补肾的作用，如芝麻、核桃、腰果、木耳、黑芝麻、黑豆等。我国民间的传统食品"腊八粥"，就是将多种不同的果实煮在一起，常吃此类粥可增加热量，营养身体。另外，小麦粥养心除烦、芝麻粥益精养阴、萝卜粥消食化痰、胡桃粥养阴固精、茯苓粥健脾养胃、大枣粥益血养气等，常喝这些粥类都是很好的进补方式。在我国很多地方，都流传着"冬吃萝卜夏吃姜，不劳医生开药方"这样的谚语。萝卜具有很强的行气功能，还能止咳化痰、除燥生津、清凉解毒。让我们顺应自然，在冬季"藏"好自己，储存实力，保存潜力，以待来春，生发盎然。

牛奶根炖土鸡

材料：牛奶根50克，土鸡肉500克，适量食盐。

做法：将鸡肉洗净，分切成块，将牛奶根洗净、分段，置于肉中，加水蒸熟，少许食盐调味即可。

功效：补益脾胃，壮腰行气。

小贴士

本药膳一般人群均可食用，孕妇及外感者不宜。

牛奶根：有清热利湿、消积化痰之效。用于感冒发热、结膜炎、支气管炎、慢性肾炎、消化不良、湿热腹泻、痢疾、乳汁不下、跌打肿痛、风湿痹痛等。

巴戟黑豆猪尾汤

材料：猪尾巴1条，巴戟天30克，黑豆70克，生姜少许，盐适量。

做法：将猪尾巴洗净去毛，切成小段，余材料洗净，黑豆浸泡半小时。猪尾巴凉水下锅烧开1分钟，去掉浮沫血水洗干净备用。所有准备好的食材与姜片一起放进去，按个人习惯放少许料酒，大火烧开后转小火慢炖1.5小时。出锅前调入食盐即可。

功效：补肾温阳，填精益髓。

小贴士

本药膳适用于虚损劳伤、神疲乏力、形寒畏冷、腰膝酸软等症状人群，也可用于冬季温补养生。

巴戟天：味甘、性辛，微温，归肾、肝经，补肾阳、强筋骨、祛风湿。用于阳痿遗精、宫冷不孕、月经不调、少腹冷痛、风湿痹痛、筋骨痿软。

猪尾巴：猪尾巴含有较多的蛋白质，主要成分是胶原蛋白质，它是皮肤组织不可或缺的营养成分，美容效果也不错。中医认为，猪尾巴有补腰力、益骨髓的功效，一般人均可食用，尤适宜腰酸背痛、骨质疏松者及青少年、中老年人食用。在青少年发育过程中，可促进骨骼发育，中老年人食用，则可延缓骨质老化、早衰。高血脂人士忌食。

冬至客家姜酒鸡

"天时人事日相催，冬至阳生春又来"，又是一年冬至到！冬至这一天是阴盛阳交之时，是一年中最冷的日子，因阴极而阳生，故叫冬至！

中医认为，冬至时节，人体内阳气蓬勃生发，此时最易吸收藏纳外来的营养，而发挥其滋补功效，从而达到事半功倍的养生目的，所以有了"冬至进补"一说。中医的进补原则是："虚则补之，寒则温之"。而从不同地域的风俗习惯来看，为了适应冬天寒冷的气候，都是以温热食物进补。冬至进补，北方有吃水饺、喝羊肉汤的习惯；而南方的客家人，却有一个特别的风俗，冬至吃姜酒鸡！这也是福建龙岩上杭客家人的风俗。

客家姜酒鸡是一道特色传统名菜，也是一道著名的客家药膳。因其具有暖身、驱寒、补血之功效，所以客家人对姜酒鸡颇为钟爱。在客家人中，产妇一般都是吃姜酒鸡来进补。很多产妇从分娩后的第一餐开始，至婴儿满月的三十天内，都以姜酒鸡作为主食。现在，我们来看看上杭客家人的美食姜酒鸡是如何制作的吧！

材料：农家散养阉公鸡1只，老姜200克，油、盐、米酒适量。

做法：阉鸡杀好洗净，切大块；老姜洗净，用刀背拍扁。锅中倒入适量香麻油烧热，放入老姜以小火煸炒至焦黄，加入鸡块，炒至鸡皮收缩，再加入客家自酿米酒。加热13~15分钟，待没有酒味的时候打开盖子（全过程大火烧开，不要小火炖煮，加热过程中也不能打开盖子）。再以小火炖煮20分钟左右，即可盛出食用。

小贴士

姜：药食同源。味辛、性微温，归肺、脾、胃经。发汗解表，温中止呕，温肺止咳。

阉鸡：阉鸡肉赖氨酸含量很高，能提高人体免疫力。赖氨酸还能够提高人的消化吸收能力，具有抗氧化性和一定的祛毒功效。中医认为，阉鸡肉具有补中养血、固精强肾填髓、益五脏补亏虚的作用。

客家雄风大补汤

冬日正是"地借小春回暖气，日匀疏影转轻阴"的时节，满眼望去，竟是"老柘叶黄如嫩树，寒樱枝白是狂花"的景色！中医认为要"秋收冬藏"，这里为您推荐一款最合时宜的客家雄风大补汤。

材料：牛鞭1副，杜仲、当归等9味名贵中药材，老生姜若干。

做法：杜仲置镬中洒上淡盐水，慢火炒干，待用。牛鞭1副处理干净，改刀切花，与生姜一起放进蒸坛内，加入处理好的杜仲等药材包，盖上盖，武火煮沸后改为文火蒸约3个小时，再调入适量食盐和生油即可。

功效：此药膳菜谱根据中医冬补肾的理论，结合客家地区的传统做法，经过反复试验而成。组方合理，补阳和滋阴兼备，具有很好的补肾健腰、补中益气、活血补血的功效。

┌─────────────────────────────────┐
│   小贴士   │
│   │
│ 牛鞭：牛鞭是雄牛的外生殖器，又叫牛冲，富含雄激素、蛋白质、脂 │
└─────────────────────────────────┘

肪，可补肾扶阳，主治肾虚阳痿、遗精、腰膝酸软等症。此外，牛鞭的胶原蛋白含量高达98%，也是女性美容驻颜首选之佳品。

　　杜仲：我国名贵滋补药材，其味甘，性温，有益肝肾、强筋壮骨、调理冲任、固经安胎的功效。可治疗肾阳虚引起的腰腿痛或酸软无力，肝气虚引起的胞胎不固、阴囊湿痒等症。在《神农本草经》中被列为上品。

　　当归：味甘、辛、性温，归肝、心、脾经，补血、活血、调经止痛、润燥滑肠。主血虚诸证、月经不调、经闭、痛经、症瘕结聚、崩漏、虚寒腹痛、痿痹、肌肤麻木、肠燥便难、赤痢后重、痈疽疮疡、跌扑损伤。

第二篇

客家饮食文化

客家菜的精髓

　　客家菜的特点与客家人的生活环境有很大关系。客家人早期多聚居山高水冷地区，地湿雾重，食物宜温热，忌寒凉，故多用煎炒，少吃生冷，这便形成客家菜"烧""香""熟"的特点。

　　客家人出门即需爬山，生产条件艰苦，劳动时间长、强度大，肥腻的食品能有效充饥，而以前的客家人因粮食不足，煲成的粥水多米少，菜咸既适合佐粥，又可以增加体内盐分，这便形成客家菜"咸""肥"的特点，比如客家酿豆腐，原煲上桌的酿豆腐热气腾腾，趁热吃才特别有滋味。

　　总结而来，客家菜的精髓如下。

第一，重山珍，轻海味。这是由客家人居住的自然环境决定的，因为客家居域多为山区，只有山珍，没有海味（少数例外）。

第二，重内容，轻形式。这与客家人性格实在，不甚追求繁复有关。

第三，重原味，轻浑浊。这可以说是客家人对中国传统饮食文化的继承。提倡菜肴的本味、独味，反对鱼翅、海参同烧，鸡与猪肉为伍，以致各不得其味。主张在烹调时保持主料的本色、本味，认为好吃的原料，大多宜于单独烹制。

第四，重蒸煮，轻炸煎。这是因为客家人大多喜食温性和清淡的饮食，较不喜热性的饮食。

第五，客家饮食民俗中的养生保健意识尤为鲜明。

客家菜用料讲究鲜嫩，讲究野生、家养、粗种；加工讲究煮、煲、炖，讲究粗刀大块，不破坏食物营养与纤维；烹调讲究原汁原味，不使过浓佐料，清淡可口，利于消化；膳食讲究搭配，讲究效用，多用药材调理阴阳，清降补泻，并根据时令增减食物品种。所有这些，都反映出客家人在千百年的生活实践中，勤于探索养生之道，善于总结保健经验，注重利用自然中潜藏的养生之道。

客家第一名菜——"大富"

　　相传宋朝官兵大败，往南逃命时，来到了福建龙岩的长汀县，终于安顿下来，并与当地人和谐相处。日久，那些随官兵南迁的女家眷日夜思念北方的家乡，特别是难忘家乡的饺子。官兵为了一解家眷之念，就想包一顿饺子给她们吃，但苦于长汀不产小麦，也没有面粉。正在愁眉苦脸的时候，忽然想起长汀盛产豆腐（现在，长汀的豆腐干为有名的闽西八大干之一），于是，灵机一动，何不以豆腐替代面粉？将肉馅塞入豆腐中，犹如面粉裹着肉馅，没想到，吃起来鲜嫩滑香，非常鲜美，便一直流传下来。

　　客家话里豆腐的发音同"大富"，是一个非常吉利的叫法，因此，正月期间凡有客来访，这道菜便被作为整个酒席的头道配酒菜献给亲友，后逐渐变成了客家人过年的保留菜式，在福建、广东、江西的客家地区流传开来，逢年过节或款待宾客，客家人都做酿豆腐，取"豆腐"的谐音"大富"，寓意一个好兆头。

豆腐营养丰富，含有铁、钙、磷、镁等人体必需的多种营养元素，还含有糖类、植物油和丰富的优质蛋白，素有"植物肉"之美称。两小块豆腐即可满足一个人一天钙的需要量。豆腐为补益清热养生食品，常食之，可补中益气、清热润燥、生津止渴、清洁肠胃。更适于热性体质、口臭口渴、肠胃不清、热病后调养者食用。现代医学证实，豆腐除有增加营养、帮助消化、增进食欲的功能外，对齿、骨骼的生长发育也颇为有益，可增加血液中铁的含量。豆腐不含胆固醇，为高血压、高血脂、高胆固醇症及动脉硬化、冠心病患者的药膳佳肴，也是儿童、病弱者及老年人补充营养的食疗佳品。豆腐含有丰富的植物雌激素，对防治骨质疏松症有良好的作用。豆腐中的甾固醇、豆甾醇均是抑癌的有效成分。

又见三月三，鼠曲飘香来

"三月三日天气新，长安水边多丽人"，三月三，春暖花开，人们都迫不及待到郊外欣赏春景了。三月三还是中国多个民族的传统节日，其中以汉族、壮族、苗族、瑶族、畲族为典型。以福建龙岩的畲族来说，三月三是可以与春节相提并论的重大节日。此日，家家宰杀牲口，祭祀祖先。许多人往往选择在这天举办婚礼。节日里还要赶舞场，跳起火把舞、竹竿舞、龙灯舞、狮子舞。畲族还以三月三为谷米的生日，家家吃鼠曲粿。传说，唐代畲族英雄率起义军抗击官军围剿，以鼠曲粿充饥而军威大振，于三月三这天突围成功，连战连捷。畲民为纪念此事，每年三月三要吃鼠曲粿。

三月三，是鼠曲飘香的时节。鼠曲草，又叫鼠耳草、佛耳草，散长于田间地头。因为它的叶子上有白色的绒毛，有些像老鼠耳朵上的毛，因此，便被称作了"鼠耳草"。鉴于此特点，闽西客家地区还将其亲切地称为"白头翁"。

制作鼠曲粿是民间流传的一项手工活，闽西客家农村家家户户都能制作。鲜嫩的鼠曲草采摘回来后，清水洗干净，倒入锅中焯10分钟左右，捞上来待凉后，用手挤干，紧压，以滤掉汁水。同时需备好粳米，粳米的质量也会影响鼠曲粿的口感，过去乡村多选用稻谷熟透晒干碾出的粳米。村中多备有石臼，俗叫"捶鼓"，是用来制作粿食的工具，年节的糍粿就是在石臼中捶出来的。鼠曲草倒入臼窠里，经过石杵捶打，捣烂后，再与粳米按三七或四六比例拌和，放在竹笼或木笼再蒸熟。出笼的米食有一种与众不同的香味，馋得人口水直流。

鼠曲粿不仅是一种美食，还是一种很好的保健食品。

鼠曲草又叫清明菜，多在清明时节盛产而得名，全国各地皆有分布。鼠曲草具有很高的营养价值，每百克嫩茎叶含水分85克，蛋白质3.1克，脂肪0.6克，碳水化合物7克，钙2.18毫克，磷66毫克，铁7.4毫克，胡萝卜素2.19毫克，B族维生素 20.24毫克，烟酸1.4毫克，维生素C 28毫克，还含挥发油、生物碱等物质。

鼠曲草中的特殊物质，能够扩张局部血管，对治疗非传染性溃疡创伤、高血压等症均有疗效；鼠曲草还有清肺祛湿、止咳化痰的作用，对慢性气管炎、喘息咳嗽、溃疡病、风湿痛等功效显著。

药膳中的姜需要去皮吗

姜是生活中经常用到的一种调味品，药食同源。很多菜品在烹制的时候都要用到生姜，除此之外，生姜还是一味药用价值比较高的中药材，其性质大热，除了可以温补身体之外，也有很多其他的作用。

中医认为，姜皮性辛凉，治皮肤浮肿，行皮水；生姜汁辛温，辛散胃寒力量强，多用于呕吐；干姜辛温，温中煽动寒，回阳通脉，温脾寒力量大；炮姜味辛苦，走里不走表，温下焦之寒；炮姜炭性温，偏于温血分之寒；煨姜苦温，偏于温肠胃之寒。生姜辛而散温，益脾胃，善温中降逆止呕，除湿消痞，止咳祛痰，以降逆止呕为长。

生姜去皮好还是不去皮好，要根据用途判定。中医认为，生姜味辛、性温，具有发汗解表、止呕解毒的功效；而生姜皮味辛、性凉，具有利水消肿的功效，因此有"留姜皮则凉，去姜皮则热"的说法。

生姜姜肉性属热，常用于发散风寒、化痰止咳，又能温中止呕、解毒，对治疗外感风寒及胃寒呕逆等寒性证，最好是去掉生姜的姜皮，以免妨碍生姜充分发挥其辛温解表的功能。相反，如果是治疗一些热性疾病或水肿，如便秘、口臭等，最好单独用生姜皮，因为生姜皮性属寒凉，对一些热性疾病有很好的效果。

在烹饪中使用生姜，一般建议留皮以免上火。通常情况下，加入菜肴中时生姜皮最好不要去掉，这样可以保持生姜药性的平衡，充分发挥生姜的整体功效。只在一些特殊的时候，才建议将生姜皮去掉，如脾胃虚寒者，或在食用苦瓜、螃蟹、绿豆芽等寒凉性菜肴时，应去掉姜皮。

顺便说一下烹饪时用姜的技巧。姜能使菜肴增香或者提鲜，被称为一种特殊的"味精"，所以姜在烹饪中的作用主要有以下几点：

第一，姜可以去腥提鲜，在烧制鸡、鸭、鱼、肉等食材时，加入适量的姜片不仅可以去腥，而且能让菜变得更加醇香。先把姜放入锅中，其去腥的作用更大；后放姜，其主要是用来提鲜和增加香气的。

第二，姜榨出来的汁，是重要的"返鲜"调料。冷冻过的肉类食材和海味河鲜食材，先用姜汁浸泡片刻再烹饪，便如同鲜食材的滋味了。

第三，姜末和醋调和在一起，不仅可以产生鲜美的味道，还是独特的去腥增鲜酱汁。食用螃蟹时，蘸其汁，蟹味更鲜美；如果是做糖醋鱼，所调制的汁会使菜肴产生甜酸的味道；姜末还是调制馅料最不可缺少的调料之一。

省酸增甘好脾气

雨水时节的早春，公园里新柳初绿，"不知细叶谁裁出？二月春风似剪刀"，春天真的来了！在这个嫩芽初上的季节，美食养生正是人们思考的问题。早春适合吃什么？我的建议是"省酸增甘好脾气"。

中医认为，春季与五脏中的肝脏相对应，很容易肝气过旺，对脾胃产生不良影响，妨碍食物正常消化吸收。甘味食物能滋补脾胃，而酸味入肝，其性收敛，多吃不利于春天阳气的生发和肝气的疏泄，还会使本就偏旺的肝气更旺，对脾胃造成更大伤害。

胃是先天之本，脾是后天之源。因此，养好脾胃非常重要。脾有以下几大功能：

运化谷食：是指脾对食物的消化、吸收作用，以及输布水谷精微以营养全身的功能。饮食入胃，经小肠的进一步消化吸收，脾的转输作用，将水谷化为精微，上输于心肺，并经心肺输布全身。脾的运化功能的正常进行，为化生精、气、血、津液提供了物质基础，亦为五脏六腑及各组织器官提供了充分的营养。

运化水液：是指脾对水液具有吸收、转输和布散的作用，是人体水液代谢的一个重要环节。水入于胃，经脾转输作用上输于肺，经过肺的宣降作用，外达皮毛以润泽肌肤，化生汗液，下输于肾，经肾的气化作用，化生尿液排出体外。因此，脾是水液代谢的重要组成部分。

主升清：是就脾的生理特点而言。升，指上升、输布和升举；清，指水谷精微等营养物质。脾主升清，指脾具有将水谷精微上输心、肺以及头目，并通过心肺化生气血，以营养全身。其运化的特点以上升为主，故说"脾气主升"。脾主升清，是与胃的降浊相对而言的。

主统血：统，即统摄、控制、约束之意。脾主统血，是指脾能够统摄、控制血液在脉管内运行，而不致溢出脉外的作用。脾统血的作用是通过气的摄血来实现的。

唐代著名医学家孙思邈在《千金方》中曾指出，春天饮食应"省酸增甘，以养脾气"。春天要少吃点酸味的食品，多吃点甘味的食品，以补益人体的脾胃之气。

甘味和甜味不完全相同。中医所说的甘味食物，不仅指食物的口感有点甜，更重要的是要有补益脾胃的作用。

因此，适宜在早春吃的食物，首推大枣和山药。现代医学研究表明，经常吃山药或大枣，可以提高人体免疫力。如果将大枣、山药、大米、小米一起煮粥，不仅可以预防胃炎、胃溃疡的复发，还可以减少流感等传染病的概率，因此非常适合春天食用。

除了大枣和山药外，甘味的食物还有大米、小米、糯米、高粱、薏米、豇豆、扁豆、黄豆、甘蓝、菠菜、胡萝卜、芋头、红薯、土豆、南瓜、黑木耳、香菇、桂圆、栗子等，我们可根据自己的口味选择。

此外，春天要少吃黄瓜、冬瓜、绿豆芽等寒性食品，它们会阻碍体内阳气的生发；多吃大葱、生姜、大蒜、韭菜、洋葱等温性食物，能起到祛阴散寒的作用。

小满田塍寻草药

"四月清和雨乍晴，南山当户转分明"，正是小满季节的景色。小满过后，天气逐渐炎热起来，雨水开始增多，预示着闷热、潮湿的夏季即将来临。此时，大自然中阳气已经相当充实，也处于"小满"的状态。根据气候的特点，小满季节养生的重点是要做好"防热防湿"的准备。

中医认为，夏季要养心，要防暑，要"自寻苦吃"。客家人也在长期的生活中获得了丰富的应时养生经验，并且善于就地取材。此时的田野上呈现的是南风原头吹百草，小满田塍寻草药的景象。我们要寻的草药是什么呢？它就是非常普通而又应时的野菜——苦菜。苦菜也是小满季节，客家人田塍上最丰富的野菜。

　　《周书》云："小满之日苦菜秀"。《诗经》云："采苦采苦，首阳之下"。小满季节，正是采食苦菜的最佳时节。这个时候的苦菜鲜嫩可口，又是应时养生的佳品。《本草纲目》云："苦菜久服，安心益气，轻身、耐老"。医学上多用苦菜治疗热症，古人还用它醒酒。

　　苦菜遍布全国，学名败酱草，性凉，味辛、苦，具有清热解毒、祛痰排脓之功效。苦菜，苦中带涩，涩中带甜，新鲜爽口，清凉嫩香，营养丰富，含有人体所需要的多种维生素、矿物质、胆碱、糖类、核黄素和甘露醇等。苦菜的食用方法很多，我这里介绍最简单的做法——清炒苦菜。

　　野外采回新鲜苦菜，洗净，切成段，梗叶分开。大蒜去皮，切成段。净锅，倒油，开火。油热后，放入蒜段爆香。倒入苦菜梗段，翻炒1分钟左右，倒入苦菜叶部分。当七八成熟时，放入盐、味精，炒匀，即可出锅装盘。菜品翠绿悦目，苦中带甜，十分爽口！

"糍粑"糯甜丹桂香

　　立秋以后，又到了丹桂飘香的秋收季节。秋天，无疑是客家人最喜欢的季节。一年的辛勤劳作，终于到了收获的时候。为了庆祝丰收，福建、广东、广西等地的客家人会用"打糍粑"来表达喜悦。打糍粑是客家地区广大农村上千年流传下来的习俗，具有浓厚的乡村风味。糍粑由糯米蒸熟再通过特质石材凹槽冲打而成，手工打糍粑很费力，但是做出来的糍粑柔软细腻，味道极佳。

　　打糍粑是个力气活，乡亲们打糍粑时往往是相互邀约，左邻右舍相互帮忙，人多力量大。相传，"打糍粑"是客家人的"牛神诞"，也就是耕牛生日的庆祝活动。历史上，在以地为生，以食为天的客家人心中，耕牛便是家人，是丰收的缔造者，人们对耕牛的敬重与爱戴是必然的，为耕牛庆祝生日是虔诚的大事。

为了慰劳家里耕牛终年劳役之苦，也为了犒劳一家人一年的辛苦劳作，立秋那天，客家人几乎家家户户都要自己动手打糍粑。糍粑做好以后，首先用生菜叶包几只，喂家中的大小耕牛，待耕牛吃过后，全家老少才围坐在一起品尝糍粑，庆祝丰收。现在，就让我们来看看，闽西客家人是如何打糍粑的吧。

首先选精良糯米，淘米洗净，在一个客家人叫"饭甑"的木甑里蒸熟。饭甑是客家人用来蒸饭的炊具，其形状上粗下细，多为杉木制成，左右有把手，上方有木盖，甑的底部有甑箅，甑箅为圆盘形，凿有许多小孔，以便水蒸气上升。

蒸好的米饭趁热放进碓石臼里，几个打糍粑的人早已在石臼周围站好，两人一对，一人用木棍捣搅，另一人负责翻动。捣时用尽全身力气，趁热快捣。捣搅要掌握好节奏，二人一上一下，连捣带翻动，几分钟下来，捣臼人已是满头大汗，气喘吁吁，有时还要在碓窝旁的凉水桶里将棍子蘸蘸水，以防粘连。待捣臼人大汗淋漓的时候，糍粑也就打好了。吃糍粑要配白糖或者红糖和花生碎，吃起来更加香甜。

红烧槐猪肉

福建龙岩的上杭县有一个美丽的小镇古田，是著名的古田会议会址所在地。来到这里，淳朴的老区群众总是热情地向您推荐当地的美食——红烧上杭槐猪肉。

吃午饭的时候，我来到一个颇有特色的农家小院，点了红烧槐猪肉，急切地期待着美味的到来。不久，主人先给我们盛上了满满一碗带着木头芳香的饭甑蒸饭，当地人叫它"捞饭"。然后，就是今天的主角出场了——满满一大碗红烧槐猪肉。

只见那尤物，色泽红润，酱香四逸，红扑扑，亮晶晶，颤巍巍！趁热，我们迫不及待地夹上一块，放入口中，第一口抿到肉皮，用牙齿轻轻往下纵切，第一层是肥肉，但肥而不腻，第二层是瘦肉，入口即化，第三层又是一层肥肉，紧接着又是一层瘦肉，层次分明，又不见锋棱。菜品口味浓郁，肥而不腻，瘦而不柴！如此美味，怎能轻易放过？少倾，一大碗红烧上杭槐猪肉已经见底，只剩下一些汤汁。

主人的女儿告诉我们，那汤汁拌饭才是别有风味。我们又忙不迭地舀上几汤匙汤汁，浇在热腾腾的米饭上，拌一拌，吃上几口，饭的清香和肉汁的醇香混在一起，咸香四溢，充满整个口腔，让人非常满足！现在，我们来看看这个农家小院的主人是如何做红烧槐猪肉的吧。

准备五花肉800克，八角15克，香叶1片，葱段50克，姜片30克，白砂糖20克，盐适量，酱油25克，黄酒30克，冰糖25克，花生油15克。先把五花肉切成2.5厘米见方的块，凉水下锅，水开后肉块煮5分钟，捞出，控干水分备用。炒锅上火倒入少许油，煸香八角，倒入冰糖，煸炒糖色（煸炒到微黄色即可）。冰糖彻底融开，炒到稍微上色后，下入肉块煸炒，把肉块儿煸炒到耗干水分颜色透亮、表面微黄并开始出油后烹入客家米酒，倒入酱油翻炒，炒到米酒挥发、酱油均匀地吸附在肉块上为止。把肉炒匀后，往锅中注入开水，水刚淹没肉块即可。然后，放入葱段、姜片、香叶，最后放入少许白砂糖。盖上锅盖用小火焖煮30~40分钟。肉焖熟后，拣出葱、姜、八角、香叶不要，放入少许盐，出锅。芳香扑鼻的上杭红烧槐猪肉就大功告成了。

美味芋荷儿时味

今早起来，偶见门外竟然长出一蓬芋荷！不禁想起前几天回家乡时朋友推荐的一道菜：——客家酸辣芋荷，此菜爽脆酸辣，非常可口。我问朋友此为何菜，他笑而不答。我反复追问，他才吞吞吐吐地说："就是我们小时候用来喂猪的芋荷杆。"我大吃一惊！

芋荷，就是芋头的梗，可能许多人都未曾见过。芋头是长在地下的，而它的茎叶却在土层之上，因此被人称为"芋荷"。然而芋头梗在农村其实不怎么受待见，因为芋头梗处理不好就会麻口，那是一种让口腔刺痛的感觉，所以大部分的芋头梗都被拿来喂猪。小时候，切猪食时常常被它搞得手痒。

　　那个时候，农村贫穷，节俭的客家人把芋荷梗子洗净，晒干水分，用淘米水腌了，加入一些辣椒、大蒜头，一起码结实了存在缸里，再盖上一层稻草，最后压上一块大石头密封好，过些时日，这芋头梗就腌制好了。腌好的芋荷色泽金黄，香脆微酸，并含有丰富的粗纤维。一般腌的时候都会放辣椒，其味道更好，颜色更漂亮。想吃的时候，只要把压缸的石块搬开，掀开一个角落，抓几把，稍稍挤一挤下水，再用清水冲洗两遍，挤干待用。待锅里的油烧热，把洗好的芋荷放入锅里爆炒，起锅前加点味精，一盘酸辣芋荷就成了。

　　如今，人们对大鱼大肉食之无味，聪明的客家人就把芋荷挖掘出来，加以精心烹制，成为一道美食。现在，我们来看看这道美味是怎么烹制的吧！

　　芋荷1把，姜1小块，剁辣椒1勺。芋荷用清水洗净，用手抓干水。姜切末备用。锅内倒油，放入姜末爆香，倒入芋荷，翻炒三四分钟至出香味，倒入生抽和一勺剁辣椒。再翻炒两三分钟，加入味精，起锅。美味即成！不过，要做成美味，还是需要诀窍的，芋荷不可抓得太干，太干酱油不易入味，也不能太湿，太湿容易炒出水。煸姜末时候用中火，倒入芋荷后改小火慢炒，这样不会炒煳，菜也特别香。烹饪过程不需要加盐，芋荷本来就是咸的。千万不能加水，酱油的水分足够了，加水的这道菜的味道也就变了。放入剁辣椒比生的青红椒味道好得多。

关于芋荷，广东地区还有一个流传已久的故事。相传，清光绪年间，因题写的"颐和园"匾额而被慈禧赏识，朱批进京为官的印江书法家严寅亮，时常怀念家乡的酸芋荷，感叹曰："玉荷"冰清玉洁，荷之大雅也。

在民间，土家人一直有这样的说法：千有万有，不如酸芋荷下烧酒。

巷口那摊油炸糕

"汀江绕郭知鱼美，好竹连山觉笋香"。上杭油炸糕，一个并不很出名的小吃。但是，对于外出的游子来说，却都是满满的故乡味道。每次回到上杭，脑袋里挥之不去的，必是老体育馆对面那个卖油炸糕的小摊。彼时，一到下午四五点钟，巷口就飘来油炸糕的香味。那种香气扑鼻、油而不腻的风味，是很难让人拒绝的。

据说，这是一个传承了三十多年的独特做法。真正的老上杭人一定会寻味而来，非得吃上几口才得以释怀。炸好的油炸糕，外形似向日葵，小一点的，上杭人叫它油炸糕，大一点的，称之为"酥三"。虽然各家做法略有不同，但要称为"酥三"的，里面必定有脆脆的豆芽。真正的老食客，要的肯定是"酥三"，只有"酥三"才能吃出油炸糕的精髓。个中滋味，也只有老上杭人才能体会。

　　要说油炸糕的绝配，那肯定是非上杭兜汤莫属。可以是猪肉兜汤，也可以是牛肉兜汤。炸好的油炸糕，你先看到的是金黄的色泽，咬一口，外酥里嫩，满口是米香、豆香和大蒜焦香。再配上一口烫烫的兜汤，当甘香的汤汁滑下喉咙的时候，那种满足感，就是上杭人理想的美食境界。

　　据说，油炸糕起源于清光绪庚子年间。农历腊月二十五，上杭县城家家户户陆续开始制作油炸糕。"糕"与"高"谐音，寓意节节高升，吉祥富贵，取糕的圆形与红亮色泽，寓意阖家团圆，日子红火。家中自制油炸糕，以油炸糕等小吃送亲会友，年味也就在这你来我往中愈发浓厚了。时至今日，过年炸油炸糕的人少了，油炸糕慢慢变成了一种风味小吃。

　　上杭油炸糕的配料和油炸方法有它的独到之处，因此别具风味。用一定比例的上等大米、黄豆，浸泡后磨成乳白的浆水，大蒜取其茎白部分，切成片，撕成条状，投入浆中，加适量盐水，拌匀，比较独特的要另加豆芽。另选精猪肉或牛肉，剁成肉碎备用。待锅中的油烧至八九成热，将浆水盛入圆形薄铁皮瓢中，推成碗口大小半寸厚，再撒上少量的猪肉、牛肉碎，投入沸油中炸

b

第二篇　客家饮食文化

77

三五分钟，至色泽金黄时捞起来，放置在锅壁的铁架上沥油。使用的油以山茶油为佳，花生油、猪油次之。地道的上杭油炸糕必以山茶油炸制。

油炸糕虽难登大雅之堂，但在上杭，饭店也把它作为传统小吃，奉献给客人。

"兜汤"恋

　　家乡的味道是让人安心的。每每回到上杭，心心念念的还是那碗"兜汤"！此种心情，恰是南北奔波数千里，未进家乡闻汤香。

　　第二天，早早来到瓦子街，端坐在简易的小桌旁，冲着老板来一句："兜汤拌面"，然后静静地等着。不一会儿，就见老板端到眼前的牛兜汤了。加一勺姜汁，搅一搅。用汤匙舀上兜汤，急切地送入口中，兜汤竟忽忽忙忙滑入喉咙，只觉得一股烫意。唉！太急了！再来一汤匙带着牛肉的兜汤，细细咀嚼，那带着筋筋络络的肉片很有嚼劲，连汤一起喝下，细细品来，上杭牛肉兜汤那种"咸、鲜、烫、香"的特有味道，全部呈现出来。再来一夹拌面吧！拌面应尽快吃，否则会变得干涩难吞。幸好，老板放的是新熬的猪油，那种鲜香也是许久未尝到的味道了。

不过，传统的吃法是牛肉兜汤配上杭油炸糕。那才真是"味浓香永。醉乡路、成佳境。恰如灯下，故人万里，归来对影"。在儿时的记忆中，上杭的解放路和现在的瓦子街老街市里，或摊或挑，总少不了兜汤。请教老板后，才对吃了几十年的上杭兜汤有了深入了解。

上杭兜汤主要有"猪兜"和"牛兜"两种。早年，客家人居住在贫瘠山区，生活清苦，不可能顿顿鱼肉，于是生意人煮了肉汤，用火炉煨着与碗筷凑成一担，挑着走街串市，现做现吃。由于条件所限，食客一般只能或站或蹲着端碗吃。"兜"在客家语中为"端在手上"的意思，也就是说，这是一种端在手上吃的汤。慢慢地，也就传音曲意地成了"兜汤"一词。

冬日来一碗兜汤可以暖身子，晚间要一碗兜汤，权当夜宵充饥。"牛兜"一定要趁热吃，才能充分享受其汤鲜肉滑。牛兜的制作工艺与猪兜基本相同，不同的是牛兜可以一煮再煮，直到煮烂为止，牛肉也不一定是上等牛肉，最好是那种带筋筋络络的，有嚼劲。此外，牛肉兜汤要拌入食盐、味精、酱油，用手抓匀后下芡粉搓匀，再煮。待吃完牛兜，心满意足地擦擦嘴巴，我才真正感到回到了家乡！

客家重阳美食
——板栗烧槐猪肉

重阳节期间，板栗烧槐猪肉是上杭必不可少的一道美食！福建上杭有著名的优质品种——上杭槐猪；也盛产板栗，重阳节期间正是板栗丰收的时节。因此，时令果实板栗加上槐猪肉，成了过节的头道下酒菜，一直流传到现在。

现在，我们来看看怎么烹饪这道菜吧！这道菜材料有板栗、五花肉，以及姜、蒜、葱、八角、花椒、桂皮、盐、味精、砂糖。将五花肉切成大小适中的块状（不要太小，不然成品可能会缩水变成"肉丁"），五花肉飞水去血泡。锅中注水，放入八角、桂皮、花椒，煮沸后加入飞水后的肉块，中火煮10~15分钟，使其入味，捞出肉块。锅洗净，放少许油，舀3大勺白糖（口味根据个人喜好添加），小火慢慢把糖熬成焦糖色后，下姜片、蒜头，煸出香味，把肉全部倒入，翻炒均匀后，加入3碗水，待其沸腾后加入洗净的板栗，加入味精、盐、翻炒调味。中火煲干水分，倒入电高压锅焖20分钟即可（如果不用高压锅，也可以一直加水翻炒至栗子熟透）。

母亲的味道——上杭簸箕粄

几天前，发现小巷口有卖簸箕粄的，我便买了一盘，配上上杭槐猪肉做的兜汤，竟是儿时母亲做出来的味道！一问才知，老板竟是上杭老乡，一下子勾起了我对母亲深深的怀念！

簸箕粄是著名客家小吃，属于粄的一种，发源于福建龙岩上杭县。因旧时用米浆均匀摊在簸箕中，蒸熟后包馅而得名，后流传到闽西、粤西、赣南一带，尤其是闽西的上杭、武平、连城一带最为流行，连城人又把簸箕粄叫作"捆粄"。

小时候，到过节或者有客人来的时候，母亲便会做上一大盆簸箕粄款待客人。现在，每每看到簸箕粄，我就会回想起母亲做粄的场景。以前做簸箕粄都是用磨盘、簸箕、大铁锅，现在一般使用磨浆机代替磨盘，用矩形铝盘代替簸箕，并使用蒸笼制作。

大米用水浸泡一段时间，待松软后，磨成米浆。提前做好馅，常用的有四季豆炒肉，也有人家用虾仁焖茄子，每家都有自己独具风格的馅儿。制作粄皮时舀入一勺米浆于矩形铝盘内，摇匀后放入蒸笼。两三分钟后将蒸盘取出，用筷子将整块已熟的粄皮划成若干部分，将准备好的馅洒在粄皮上，再卷成筒状，放入准备好的盘中。

簸箕粄制作完成之后就可以享用了。但是一般在食用之前，爱吃香的客家人还会在簸箕粄上淋一层葱油，这是其他菜品所没有的一种独特吃法。可以配上萝卜骨头汤、紫菜蛋花汤、稀粥或者一些特色的汤点一同食用。现在，很多人都喜欢配上杭槐猪肉做的兜汤一起吃，格外清甜，十分诱人。

现在的上杭，早餐一盘簸箕粄外加一碗热腾腾的猪肉兜汤，已成为当地很多人的早餐首选。

一碗十点钟就卖完的清汤面

又到国庆长假了。我这个在外地工作了十几年的外乡人，心里痒痒的，早早就做好了回家的打算，只为了老家那一碗上午十点就会卖完的清汤面！

上杭县城东门市民服务中心的后面，有一家没有店名的小吃店，传承的是老城瓦子街的味道。店里卖的是猪肝粉肠、清汤面、清汤粉、兜汤和猪血。

每天早晨七点左右开始售卖，食客络绎不绝，火爆异常，到上午十点钟左右菜品就卖完了。没吃到美味的客人，就只好等第二天了。我每次回老家，都会不顾旅途劳累，第二天起个大早，只为了吃一碗热气腾腾的头汤面。这碗头汤面，汤必定是清的，

85

没有面粉的涩味，也没有手工面的碱味。烫面的时候，老板娘手法娴熟，面条五上五下，再放入小白菜烫熟，快速沥干水分，放入一海碗中，注入已经熬了4小时的骨头汤，再来一勺预先另行做好的猪肝、粉肠、瘦肉兜汤，一碗上杭传统味道的清汤面就成了!

我迫不及待地拿汤匙舀上一口清汤，鲜甜清爽，一丝丝甘味滑入喉咙，就是那种原汁原味的老街的味道。面条脆爽不烂，恰到火候。来一块猪肝，粉粉嫩嫩，没有一丝腥味。轮到粉肠了，脆劲、粉甜的感觉尽在不言中。别忘了，还有瘦肉，确如所愿，是那瘦七肥三的前胛心肉，有嚼劲、爽滑!

又见蕉芋粉

回老家，堂叔家喜宴，竟然见到了久违的炒蕉芋粉。蕉芋粉还是记忆中褐色的模样，晶莹剔透。房族中的烹饪高手充当了厨师。猪肥膘肉熬的猪油，先把葱姜爆香，加入稍微切碎了的猪油渣和虾皮，炸至微黄，香气扑鼻，铲出备用。另起锅，放入猪油，倒入已经预先煮至半熟、沥干水分的蕉芋粉，翻炒。加入少量水焖锅，然后把已经炸好的猪油渣和虾皮倒入，翻炒均匀，加食盐、味精调味，即可出锅。客家传统喜宴的头道热菜，也是主食的炒蕉芋粉隆重登场了！我迫不及待地品尝，咸、香、鲜、糯软，十分可口，还是儿时让人口水直流的味道，是久违了的味道。

在老家，蕉芋是水稻以外主食的重要补充，叫作"杂粮"。

由于蕉芋对土质要求不高，常种植在房前屋后和荒坡地上。下雨天，雨滴在蕉芋叶上，嘀嗒，嘀嗒，使人想到乐曲《雨打芭蕉》，再抬头一望，"雨匀紫菊丛丛色，风弄红蕉叶叶声"，一片安详、恬静的农村景色。

蕉芋，属美人蕉科，一种多年生草本植物，植株最高可达3米。地下有块状根茎，茎呈紫色，蕉芋的叶子是互生的，叶柄比较短，叶鞘边缘呈紫色，叶片为长圆形，表面绿色、边缘和背面紫色，有羽状的平行脉，中脉明显。总状花序疏散，单一或分叉；花单生或2朵簇生，小苞片卵形，淡紫色；开花时色彩鲜艳，结瘤状果子；花期为9~10月。红色的花茎有汁，很甜，小时常摘来吸食，不知你是否品尝过？

蕉芋块茎含有丰富的淀粉。儿时，母亲早晨常煮了给我们当主食，很香糯。但那时肚子里没有什么油水，吃多了，常呕酸水。

当然，更多的吃法是把茎磨成粉。蕉芋磨粉颇费工夫。首先要清根，蕉芋根系发达，要一条一条地细心清理。然后清洗，用净水把蕉芋一根一根清洗干净，剥去包皮装进篮子；把蕉芋滤刷成液汁，用专用"牙钵"（客家话也叫"擂砵"）进行手工滤刷（客家话叫"擂蕉芋"），这是一个技术活，不小心就会擦破手。滤刷蕉芋很耗时，"挑灯夜干"是常有的事。再把液汁灌进豆腐袋里，装进盛满清水的缸或桶中，用手来回搅拌，粉便随水溢出并沉底结块。最后是晒干，捞起凉粉块放在竹盆或木盆里，摆在庭外晒干，装袋入罐储藏即可。

今天，再吃炒蕉芋粉，想到儿时蕉芋吃到呕酸水，到现在一见蕉芋就想吃，真真是为生活的变化而感慨！

三十年就吃那片豆腐干

回到老家，不由自主地又来到西门那家豆腐干店，心里惦记着的，是那片吃了三十多年的豆腐干。这家位于县城西门老街的豆腐干作坊，已历经几代人的传承，名声在外。每每老上杭人回来，都不会忘记吃这家店的豆腐干，返程时都买一些带回去放在冰箱，慢慢品尝。我从三十多年前开始，就喜欢上它了，至今仍乐此不疲。

上杭豆腐干已有千年历史，传说与杨家将里的杨文广有关。话说当年杨文广在上杭紫金山征剿"南蛮"，由于山高路远，崎岖难行，不便运输军粮。有一位有祖传制作茴香豆腐干技术的士兵献计，可以用豆腐干充当军粮以便携带。杨文广下令照此制作，便做成了喷香鲜嫩的茴香豆腐干。果然，人人爱食，个个叫好。以后，豆腐干便渐渐传开，成为上杭特产之一。

西门的豆腐干，做得厚实但不硬，无论炒、卤、焖、烧，吃起来都特别软糯入味，别有风味，正应了那句诗："小小方甲茶样色，无须烹煎香自来。启齿细嚼余味浓，引得僧家不思斋。"

豆腐干，中国传统豆制品之一，是豆腐的再加工制品，咸香爽口，硬中带韧，久放不坏，是中国各大菜系中都有的一道美食。豆腐干营养丰富，含有大量蛋白质、脂肪、碳水化合物，还含有钙、磷、铁等多种人体所需的矿物质。

豆腐干是佐酒下饭的最佳食品之一，便于旅途携带和食用。豆腐干有卤干、熏干、酱油干等，是宴席中拌凉菜、炒热菜的上乘原料。豆腐干既香又鲜，被誉为"素火腿"。豆腐干中含有卵磷脂，有利于减少堆积在血管壁上的胆固醇，防止血管硬化，预防心血管疾病。豆腐干中的多种矿物质可帮助人体补充钙质，预防因缺钙而引起骨质疏松，对骨骼健康非常有利。

豆腐干的生产工艺和豆腐基本相同，不同点是浇制时厚度较小，一般为5~6厘米，压制时间为15~30分钟，压制后豆腐干的含水量为60%~65%，压制后的豆腐干可切成豆腐白干胚子，经过烤或晒干即为成品。

优质的豆腐干为乳白或淡黄色，稍有光泽。外观形状整齐，有弹性、细嫩，挤压后无液体渗出。以手触之，无潮湿、滑腻感。闻起来有豆香味，无酸败味等异味。味道纯正，咸淡适中。

我最喜欢的吃法也许难登大雅之堂，但却是既下饭又可配酒的——豆腐干炒五花肉榨菜。这道菜看起来简单，做起来其实很有讲究，主要在选料和火候两个方面。

豆腐干自然选我钟爱的西门豆腐干。五花肉要选上好五花肉，才不会有骚味。榨菜必须是没有经过加工的大头榨菜，不能选加工成片或丝的成品。具体做法：豆腐干用斜刀片成薄片，注意片的时候要慢慢锯，不是切，否则容易断。榨菜冲洗干净以后切成片，在清水中浸泡一小时，中间换两次水。浸泡时间不宜太长，否则榨菜容易烂，没有脆口感；时间太短，盐分未出来，太咸。五花肉切薄片。葱头和葱白切小段。用一小碗，加入适量凉开水、食盐，再加入少量味精或鸡精调匀备用。

起锅烧热后，加入五花肉煸炒至出油微焦，加入榨菜继续煸炒至微黄，铲出备用。锅洗干净后，烧热，加入花生油或猪油（不用调和油，否则有腥味），油热后，撒入葱头和葱白爆香，倒入豆腐干快速翻炒两遍，再倒入已炒过的五花肉和榨菜翻炒两遍，加入已用凉开水调匀的盐和味精，翻炒均匀，出锅即成。其诀窍就是动作要快，不然豆腐干就太硬或者焦了。菜品黄、白、翠绿、红相间，十分诱人。豆腐干的软糯，榨菜的脆爽，五花肉的焦香交织一起，真乃人间美味！

　　三十多年来，我仍沉醉其中！

十点钟吃肉圆配兜汤

　　离开曾经工作过的上杭县城已经快二十年了。让我记忆犹新的是在临江镇的时候，每到上午十点钟，隔壁办公室阿姨喊的一句吃肉圆配兜汤去。于是，三五同事，悄悄来到解放路老街的饭店，忙不迭地朝着那长相清秀的老板娘喊一句"肉圆兜汤"。不一会儿工夫，一盘肉圆和一碗兜汤就端到你面前了。切成小块的肉圆，上面淋了点鲜猪油，看上去晶晶亮亮的。趁热吃，质地松软，鲜绵爽口，油而不腻，鱼肉和猪油的鲜香交织在一起，不分彼此，味道极佳。旁边还有姜汁，喜欢的可以配上同吃。再来一口滚烫的猪肉兜汤，爽滑鲜香滑过喉咙。那种快意，非"老上杭人"不能体味。

　　用汤匙捞一捞，兜汤底下有一两块香菇片和小鱿鱼片。细细咀嚼，慢慢品尝，要的是那种原生态的味道。特别是那时的香菇，都是原汁原味的野生香菇，带着大山里面那种特有的清纯香味。而猪肉是上杭特有的槐猪肉，选用的是前胛心肉和上杭人叫"狮子头"的部位，前者的特点是嫩，后者则是瘦七肥三有嚼劲。待吃完，从店里走回工作单位，抚摸着滚圆的肚子，几位同事边说边笑，生活十分惬意。

上杭位于汀江中游。上天仿佛对上杭人特别照顾，汀江到了上杭县城段，河面才突然宽阔起来，水流也不再湍急。上杭县城周围的许多鱼塘，孕育了上杭丰富的鱼类资源。

聪明的上杭人靠水吃鱼，发明了客家地区的美味小吃——肉圆，上杭人也叫"鱼粄"。将鲜鱼（以草鱼为最佳）剥尽皮骨与内脏，去其头尾，取鱼净肉，用铁棒捣成肉浆，再选用过筛的上等地瓜粉，与肥膘肉按一定比例合在一起，加盐水适量，倒入缸盆中，用手用力搅拌半小时左右，使其呈白稀糊状，用手捞起，以可顺手指缝漏出为好，即倒入蒸锅，放在有布垫的笼床中，大火蒸1~2小时，蒸至肉圆油光发亮为灰褐色，以筷子插入不粘为标准。因为肉圆的制作要做很多准备工作，所以只有到上午十点左右，才是新鲜肉圆出锅的时候。

肉圆是上杭人餐桌上的上等菜肴，每逢吉日佳节，必有肉圆上席，否则算不得盛筵。

　　现在回上杭，在酒店的餐桌上，偶尔也会吃到肉圆，但总吃不出以前那种味道，也不知道是什么原因。细细想来，现在的食材没有以前那么讲究原汁原味，更重要的是，物是人非了！

汀州名菜——胛心肉炖腐竹

　　福建长汀是美食之乡，有闻名中外的河田鸡、闽西八大干之一的豆腐干。长汀的腐竹也是地方特产。用腐竹烹饪的美食很多，其中很有名的一道就是胛心肉炖腐竹。让我们来看看这道名菜是怎么做的吧。

　　将长汀腐竹掰成手指长的小段，放入干净容器中，倒入适量温水并加少许盐，腐竹不能用热水泡，也不能用冷水泡，最好用40℃左右的温水泡，盐水浸泡腐竹可促进其快速吸水，盖上盖子，让腐竹完全泡在水里，15分钟左右腐竹就变软了，不会出现外面软中心硬的情况。漂洗干净备用。

　　胛心肉的选择非常关键，要选前胛心肉。精前胛肉是猪的上肩肉，每只猪身上只有极少的一部分，非常珍贵。精前胛肉的瘦肉占90%左右，有数条细细的肥肉丝纵横交错，吃起来嫩而且香，肉质鲜美，久煮不老，肥而不腻。将胛心肉切成红白相间的片，不能太厚，也不能太薄，大概5毫米厚即可。

墨鱼，又称墨斗鱼、乌贼。墨鱼的内壳中药上称为"乌贼骨"或"海螵蛸"，可治疗胃酸过多，是止血、收敛常用中药。墨鱼含有丰富的蛋白质、脂肪、无机盐、碳水化合物等多种物质，加上它滋味鲜美，远在唐代就有食用墨鱼的记载，是人们喜爱的佳肴。墨鱼分布于中国沿海地区，具有壮阳健身、益血补肾、健胃理气之功效。墨鱼去骨，洗干净后水发约半小时，切成5毫米厚的片。

将上述三种食材，放入有盖的大蒸碗内，加入八成满的山泉水，盖上盖，在蒸柜里蒸1.5小时，取出，开盖，加入适量食盐，少量鸡精调味，再盖上盖入蒸柜蒸10分钟，即可食用。菜品汤色清澈、口感鲜甜，胛心肉有韧劲，腐竹有豆香味、不软不烂，恰到好处。

再啖故乡芋子包

　　金秋十月，我们一行人带着岁月抹到脸上的皱纹，染到鬓上的白发，回到了深情怀念的第二故乡——永定。当年的房东早已离开人世，房东的儿子热情地款待我们，一如当年的房东。我们坐在山藤编成的老式藤椅上，眼前是"秋日斜阳山后挂，错落方圆灰砖瓦"的景象。回想四十多年跌宕浮沉的历程，已过花甲之年的我们，心潮澎湃。

　　夜幕渐渐降临，山村的夜晚竟是"秋宵月色胜春宵，万里天涯静寂寥"。正在我凝神静思的时候，一股久违又熟悉的味道直接钻入鼻孔。对了，那是芋子包的味道。我们走进客厅一看，房东的儿媳妇正端上满满一盆芋子包，热情招呼我们"趁热，快尝尝！"我们急不可耐地拿起筷子，夹起一个芋子包送入口中，未等咀嚼，便滑下喉咙，烫得眼泪掉下来。队友们忍不住大笑："这么大年纪了，还是当年的'慌食鬼'模样。"

待缓过气来，再细细端详眼前的芋子包，再夹一个，放入口中，慢慢品味，感觉这个芋子包真乃"贵似龙涎仍酽白，味如牛乳更全清"。那种皮的爽滑、馅的脆香，就是原汁原味、地地道道的永定客家芋子包的味道，是当年难得一尝的珍品。这次回第二故乡，一个心愿就是要再好好品尝芋子包，现在终于如愿以偿。不一会儿工夫，房东的儿媳妇又端上了丰盛的配酒菜，我们一边喝着她自酿的土烧酒，一边和房东的儿子聊起了芋子包。

芋子包做起来还真得花点功夫。做芋子包需要一两斤五花肉，还需要冬笋、香菇、鱿鱼干、葱头适量，鱼露、盐、鸡精、胡椒粉、芹菜末适量。芋头一斤多，木薯粉两斤左右。把肉剁碎，香菇、鱿鱼干泡发后全部切细。芋头蒸熟后拿大盆和粉，趁着芋头的热气拿勺子压扁，和木薯粉搓匀。开水烫面，不然木薯粉不能成型。

油热后依次放葱头、香菇、鱿鱼干爆香，再加五花肉同炒。待肉变色，洒鱼露，此时加笋一起大火炒匀，加入盐、鸡精，依个人喜好调味，即可炒好馅料。

和好的芋头面，用手揉转成包子皮，放入五花肉、香菇、冬笋（或笋干）丝、鱿鱼干、葱白等料做成的馅心，包好。芋子包包好后，摆入垫有芭蕉叶的蒸笼中，用旺火蒸制，蒸好后便香气如蝶，满屋翩跹，令人垂涎。此时出锅摆盘，放入麻油等调料。

我们一边听着房东儿子的介绍，一边喝着土烧酒，随着酒劲的上头，大家又划起客家酒拳，直至夜深，才带着满满的幸福感进入梦乡！

梦里竟还是那盆如白玉般的芋子包！

"肉甲子"的前世今生

"肉甲子"是福建龙岩上杭的客家人的一种小吃，是从上杭的客家话"捏甲子"演变而来，其原意是用手捏成一个个花边，是像饺子一样的米浆果皮包馅的米果。

肉甲子原来一直是上杭城关所谓正宗城里人的美食。因当时外地人和乡下人到城里，听不懂上杭话，又看里面有肉馅，久而久之便传为了"肉甲子"。肉甲子，皮薄馅大，美味主要体现在皮的细腻、香糯筋道和馅的香甘。常和上杭小吃牛肉兜汤或猪肉兜汤搭配一起吃，尤其在冬天的时候，热乎烫嘴，一起滑过喉咙，享受着美味和被烫的快意。

旧时候的上杭县城，解放路、瓦子街一带是县城的中心，都是前店后坊的建筑。卖肉甲子者经过的时候，听到上杭口音"捏蛤嘞"，人们就知道是卖肉甲子的来了，赶忙从屋里出去，叫一声："来一笼捏蛤嘞"，摊主递上一笼肉甲子；旁边卖兜汤者又叫一声："兜汤嘞"，于是一个上杭美食绝配——肉甲子配兜汤出现了。这个兜汤，大抵是猪肉兜汤，因为旧时牛肉很少。只有到了现在，牛肉很普遍了，才有了牛肉兜汤。

那个时候的上杭县城，上午九十点钟，沿街各家饮食店和小摊上，都是品尝肉甲子的远近来客，热闹非常，个个吃得欢心。

肉甲子是上杭独有的传统风味小吃。它形似元宝，接口带有花边，选料精细，是客家先民充分利用本土原生态食材制作美食的经典之作。肉甲子和上杭的其他小吃：牛肉兜汤、猪肉兜汤、肉圆、烧鱼白、油炸糕、清汤面、卤汤面、烧肝花相比，不够出名。大抵由于做法比较烦琐，技术控制较难把握。

肉甲子的制作分为两部分，一是米皮的制作，二是馅的制作，决定肉甲子口感的关键在于米皮的制作。为了解决米团变酸的问题，上杭人发明了利用原生态植物碱泡米的方法，不仅使肉甲子更易保管，还使米皮更加嫩滑，独具风味。

米皮的制作工序烦琐而考究：选用上等大米，用大山深处米果柴树（又名倒吊树）烧成灰滤水，制成的植物碱水浸泡4~5小时后用石磨磨成米浆，将米浆放入柴火大锅中边煮边搅拌，煮成

103

淡黄色的半熟米团时出锅。待米团稍冷后，拌入一定比例的上好地瓜粉，用手工擂至米团柔软筋道。将大米团捏成小米团，再擀成大小适中、薄如纸般柔韧的椭圆形粄皮，至此，皮才算完成。

这其中煮米浆最为关键，火候的把握、力道方向、手法的掌控都影响着米团的口感。火候太大，米浆容易糊，吃起来有烧焦味；火候太小，整体受热不均匀，米团容易起硬块。力道太大、方向不对、手法生疏都容易导致锅巴混入米团，影响口感。擂米团、擀粄皮都要相当的技术，方能做出香糯而有筋道的米皮。

馅料的制作工艺相对简单，且可根据自己的口味适当增减食材。传统馅料的配方主料为粄子，辅料为脯鱼、虾米、五花肉、香菇、萝卜、笋、葱等，佐料有上等发酵酱油、鱼露、猪油、食盐、味精。

主料粄子做法：大锅放入猪油，温度达到200℃时，大勺打一勺米浆，沿着大锅画一圈，使米浆附在大锅底薄薄一层，盖上锅盖三两分钟，待米浆变成焦黄色即起锅，放于一旁，凉后剁碎，备用即可。

馅的做法：锅中倒入猪油烧至200℃后，放入剁碎的脯鱼、虾米、葱头，待辅料变成金黄色时，加入剁碎的五花肉、香菇、萝卜、笋不停翻炒，七八成熟时倒入煮开的山泉水中，再加入主料粄子及酱油、鱼露、食盐、味精搅拌，猛火煮三五分钟，待粄子香气扑鼻时，关火加入葱叶拌匀即可起锅，传统馅料便做好了。

将擀好的粄皮包上传统馅料，捏成形似元宝带花边的米饺子，肉甲子便做成了。包好后，按顺序摆放在竹蒸笼中，放入蒸锅蒸8~10分钟即可起锅享用。此时的肉甲子，表皮光亮富有弹性，装入碗中，加少量新鲜猪油或芝麻油，趁热吃之，皮滑肉香，脆口多味，风味特佳。

现在做肉甲子的人不多了，能欣赏这种美食的人也少了。如果现在去上杭县城，在解放路、和平路一带，也许还有一些卖肉甲子的摊贩，如果你遇到了，就好好感受一下传统的上杭小吃吧。

"炸肉"情怀

在南方人的日历中，农历腊月二十四就是小年了。傍晚时分，从窗外飘来炸油葱的味道，沁人心脾的香气，很少有人能抵挡得住。耳边又传来《春节序曲》的旋律，无不在提醒我，春节就要到了！提到春节，就不由自主地想起客家人的美食——炸肉。

炸肉，在中国众多的美食中并不是很有名气，也许难登大雅之堂。但在福建龙岩农村的客家人心中，它可是正月待客的重要汤品。记得小时候，我们家是年三十的傍晚，才开始做炸肉的。其实，那时农村做炸肉的人不多，主要因为做炸肉的面粉需要用粮票才可以买到。父亲是城里小学校长，过年的时候都会买两斤面粉带回来，准备做炸肉用。往往年三十下午四点钟以后才有时间做炸肉，因为在那之前，父亲还有一个很重要的任务——写春联!

村里文化水平高的人不多，能够写春联的人更少。每到年二十九，乡亲们就会买几张红纸送到我家里，嘱父亲帮忙写春联。父亲原是村里比较有威望的人，他一点不推辞，开始给乡亲们写春联，写的大都是"春风杨柳万千条"和"万象更新"之类的喜庆而又中规中矩的春联。

我那时还是小学生，父亲在八仙桌对面写春联的时候，我在他对面牵对联。待他写好一联，小心翼翼地拿到屋外太阳底下，用小鹅卵石压好，待太阳把墨迹晒干以后，一副一副收好，然后给各家各户送去。一般要到年三十下午三四点才能写完所有乡亲的对联，父亲才开始写自己家的对联，待他写好后，贴对联的任务就交给了我。他伸直已经有些酸痛的腰，瘦弱的身躯就转入了厨房。

这时，一年中最重要的年夜饭备餐开始了。年猪是早晨就杀好了的，父亲把自留的猪肉进行了分割：下五花肉刮干净毛以后，直接撒上一层盐，放在陶盆里卤上，再挂屋外太阳底下晾晒，做成腊肉。上五花肉用作正月待客的重要汤品食材——炸肉。这个炸肉其实是炸肉丸，而不是炸肉片。瘦七肥三的上五花肉，才不会有骚味。先将三斤左右的五花肉清洗干净，剖去猪皮另用。将去皮五花肉切成小肉丁的形状，将五花肉剁成肉泥，这个肉泥不能太细了，否则容易炸出焦味。剁好的肉泥放入洗净的搪瓷盆中，打入大约10个鸭蛋，用筷子向一个方向搅拌上劲，搅拌好了之后向盆中加入一斤半左右面粉和适量食用盐，继续搅拌均匀，备用。起锅，加入适量的花生油，等到油温到六七成热后，关中小火，将准备好的肉泥用手挤成丸子形状。一直炸到肉丸金黄，捞出。炸好的肉丸子控干油分后放入锅中复炸一次，注意复炸的时候一定要用大火，而且复炸的时间要掌握好，不可太长。复炸是让肉丸子不油腻的关键，很多肉丸子吃起来油腻就是因为没有复炸。炸好的肉丸，待冷却以后，放于陶瓷盆中，并不在大年三十晚上食用，而是要等到正月待客的时候才吃。

正月初三，父亲早早就把我们叫起来，因为这一天是我们家招待客人的时候。我的任务就是煲炸肉汤。煲炸肉汤是我们村的传统名菜，用料有炸肉丸、去皮芥菜头（我们把它称作菜心）、冬笋片。年三十做好的炸肉丸用刀切成两半；去皮芥菜头洗净切成方形片；冬笋剥去笋壳以后，用刀削干净表面细毛，不用水洗，直接切成稍薄的片，据说冬笋水洗后吃起来会有麻喉感；葱白切成小段，备用。

煲炸肉汤用的是红泥烧成的小火炉，燃料是山里硬木烧成的木炭，村里人把它叫"响炭"，取其火力均匀持久，否则煲出的汤味道不够地道。小火炉起火，加入硬木炭，待火旺以后，架上大铝锅，一次性加至八成满的水，待水开后，倒入切成两半的炸肉丸、冬笋片，放入适量的胡椒粉（此时加入胡椒粉，容易融入汤中，如果起锅时放入，则味道脱节），煲1小时后，加入切成片的菜心和适量新鲜猪油，再煲20~30分钟，加入适量食盐、味精和葱白，盖上盖，沸腾几次即可出锅上桌了。

此时的煲炸肉汤，金黄色的炸肉丸、翡翠绿的菜心、嫩黄色的冬笋片、雪白的葱段，赏心悦目。汤色清澈，炸肉的甘香、菜心的清香和微辣的胡椒味道与滚烫的汤汁滑入喉咙，冲回口中，鲜香满口，把炸肉推上了客家特色美食的境界，成为我儿时特别记挂的过年大菜！

现在，人们生活条件好了，老家做炸肉汤也比较普遍了。但是，大概是由于食材和工艺的缘故，现在已很难品出儿时的味道了。各家的做法也大不相同。一些人在做炸肉的时候会加入大蒜，品尝之后，大倒胃口。

写到这里，夜已深了，我还在寻思春节是不是回老家，寻找儿时炸肉的味道？

客家喜宴上菜风俗

客家人很崇尚礼仪，特别一些农村地区的客家人，在举办喜宴的时候，上菜顺序是很有讲究的。

以娶亲的喜宴来说，以下几道菜的上菜顺序最不能错：第一道上来的必须是主食里面的糍粑，紧接着就是用草木灰滤出来的碱水做的叫红烧"水粄"，目的是让远道而来的客人先填填肚子。然后才是肉食类，如白斩鸡、肚肺汤。在主食和肉食中间上的菜，就是最赏心悦目的红曲米烧大锅肉了。

红曲米烧大锅肉，香气扑鼻，色泽鲜艳，红色又代表喜庆。一眼看去肥而不腻，很有食欲。

近年来，药理学家发现，红曲米入药，有降血脂、降血压的功效。

最后上的那道菜，客家人称为"起席菜"。上了这道菜以后，客人就可以离席了。不管宴席豪华与否，起席菜基本都是一样的。现在起席菜一般是甜品汤，以前约定俗成的是红烧米粉。

为什么用红烧米粉做起席菜呢？因为此时客人大都已经吃饱了，红烧米粉就变成了剩菜，一来使人觉得菜品很多，主人的宴席很丰盛。二来宴席结束以后，主人家连同前面剩下的灰水粄，一起打包到客人带来的竹篮里，使客人不至空手而归。客人将红烧米粉带回去，晚上加热与没有去做客的家人分享，一同感受喜庆氛围，顺便聊聊主人家婆亲的趣事。

十月十三"做秋收"

农历的十月十三，田野上一派丰收的景象，正如毛泽东的诗句："喜看稻菽千重浪，遍地英雄下夕烟。"福建龙岩的客家地区流传着农历十月十三"做秋收"的风俗。这一天，家家户户都要打糍粑，做苎叶粄，庆祝秋天的丰收。

传说，十月十三是"五谷爷"的生日。五谷通常指稻、黍、稷、麦、豆，也泛指粮食或粮食作物。古代人由于科学技术不发达，把五谷当作神来供奉，祈求它们保佑庄稼获得丰收。"五谷爷"生日之际，又刚好是秋收时节，农人们就做些粄来祭拜"五谷爷"，感谢它的保佑，也请求它保佑来年五谷丰登。

其实，十月十三"做秋收"最主要的原因是农人们忙了一夏一秋，现在终于收获了，也该犒劳一下自己。以前农民们辛苦了一年，但粮食依然紧缺，平常时节要想吃糍粑、苎叶粄并非易事，所以就趁着丰收的喜悦打糍粑、做苎叶粄。这些习俗慢慢流传下来，便成一个丰收节，客家人把它称为"做秋收"。

打糍粑是客家地区农村上千年流传下来的习俗。打糍粑是个力气活，又是技术活，一家独干有些困难。因此，乡亲们在"做秋收"的节日打糍粑，左邻右舍互相帮忙，人多力量大。其实，更有秋收味道的是做苎叶粄。秋日的田野里"日暖苎麻光似泼，风来苎叶气如薰"。秋天正是苎叶肥厚的时节，也是一年之中最后一个适宜采食苎叶的时段。乡亲们便利用这难得的机会采摘苎叶。苎叶粄带着苎叶的清香、肉馅的甘香和冬笋的甜香。满满秋的味道！

难忘儿时豆腐乳

如果米饭只能配一个菜，我的选择当然是——豆腐乳！

著名作家贾平凹说过，人的胃是有记忆功能的。一个人在年少时喜欢吃的美食，在他的味觉里会留下深深的烙印，即使长大了，也难以忘记。我的少年时代，正是物质生活非常贫乏的时候。经常饭都吃不饱，更不要说配饭的菜了。我的父亲是一名教师，在县城工作，到过年才回家。只要父亲回来，好日子就来了，不仅每餐饭饱，他还会到村里的供销合作社买几块豆腐乳给我们配饭。每餐一个人就给一块，我不是用它配一碗饭，而是三碗。到吃饭的时候，早早就会盛上满满一碗热气腾腾、香喷喷的米饭，等着父亲夹出一块豆腐乳，放在饭上面，看着它披着一件红衣裳，鲜艳夺目。轻轻用筷子挑开红衣，嫩嫩的豆腐乳肉便呈现在眼前，它白中透着微红，柔软细腻。此时，一股迷人的香气轻轻钻入鼻孔。夹一小块豆腐乳放进嘴里，一种咸香又似乳酪的味道在口中迅速氤氲开来，溢满了整个口腔。再咬上一口细品，舌尖贪婪地享受着豆腐乳那"光滑"的"嫩肉"，咽下，咂咂嘴，豆腐乳的余味是微甜的。前面两碗饭，都是一点一点地夹豆腐乳吃，小心翼翼地生怕多夹了。只有到了最后一碗饭的最后一口，才把剩下的豆腐乳全部放入嘴巴，再细细品味。豆腐乳真是色香味俱全啊，真使人回味无穷！我参加工作后，经济条件比较好了，可选择的美食更多了，但还是忘不了豆腐乳。

豆腐乳至今已有一千多年的历史了，为我国特有的发酵制品之一。豆腐乳通常分为青方、红方、白方三大类。其中，臭豆腐属"青方"；"大块""红辣""玫瑰"等属"红方"；"甜辣""桂花""五香"等属"白方"。

白腐乳以桂林腐乳为代表。桂林豆腐乳历史悠久，颇负盛名，远在宋代就很出名，是传统特产"桂林三宝"之一。红腐乳从选料到成品要经过近三十道工艺，十分考究。腐乳装坛后还要加入优质白酒继续沁润，数月后才能开坛享用，是最为传统的一种腐乳。青腐乳就是臭豆腐乳，是"闻着臭、吃着香"的食品，有的人就喜好这一口。以北京百年老店王致和所产的为代表，发明人是安徽人王致和。

添加糟米的腐乳称为糟方，添加黄酒的称为醉方，添加芝麻、玫瑰、虾籽、香油等的称为花色腐乳。茶油腐乳是腐乳的一种，属红腐乳一类 。茶油腐乳质地细软，清香馥郁，含有丰富的蛋白质，可增进食欲，延年益寿，同时茶油中含有油酸及亚油酸等对人体有益的物质。因此，茶油腐乳深受广大人民群众的喜爱。

腐乳是营养学家所推崇的健康食品。中医认为腐乳性平，味甘，具有开胃消食的功效，可用于病后纳食不香、小儿食积或疳积腹胀等。善用豆腐乳，可以让料理变化更丰富，滋味更有层次感。除佐餐外，豆腐乳更常用于火锅、姜母鸭、羊肉炉、面线、面包等蘸酱及肉品加工等。豆腐乳可做出多种美味可口的佳肴，如腐乳蒸腊肉、腐乳蒸鸡蛋、腐乳炖鲤鱼、腐乳炖豆腐、腐乳糟大肠等。

味美香鲜的腐乳肉的做法如下：将整块肉的肉皮在火上烤黄，放到水里刮去烧焦的部分。在砂锅中将肉煮到半酥时取出，用刀在皮上深深地划下去，使之成为若干小块但不要切开。用几块红豆腐乳（多放点卤汁）压碎，加一些黄酒调匀涂在肉上，放入砂锅里加葱姜和原来煮肉的汤，小火慢慢烧烂后加入冰糖，待汁变稠浓就可以了。此肉肥而不腻，香味扑鼻，令人食欲大增。

又见柿子红

相对于中秋节和重阳节，在客家人的心里，中元节不算一个很重要的节日。因着妹妹的心愿，我和她一起寻着秋的味道，回到了心心念念的客家小山村。一天的舟车劳顿后，晚上早早就睡了。第二天清早，打开古老的房间木门，见围屋里洒满晨光。门外潺潺的流水、碧蓝的河潭和围屋交相辉映。最令人惊喜的是不远处的柿子树。柿子熟了，树上像是挂满了红彤彤的灯笼，正应了那句"墙头累累柿子黄，人家秋获争登场"，我此时的心情，恰如"柿叶红如染，横陈几席间；小题秋样句，客思满江山"。

老家的柿子树，寿命长，叶大荫浓。秋末冬初，霜叶染成红色，落叶后，柿实殷红不落，一树满挂累累红果，煞是好看。望着一个个金红色的柿子，不由想起老奶奶在我们小时候常给我们蒸的柿饼灯芯草汤。

柿饼灯芯草汤的做法十分简单：取灯芯草6克、柿饼2个，将灯芯草、柿饼加水，隔水蒸半小时，即可食用。汤色红亮，清甜入脾。有清热利尿，止血消炎，润肺止咳作用。

妹妹坐在围屋前的茅草亭下，也学着奶奶的做法，煮起柿饼灯芯草汤。喝着妹妹煮的柿饼灯芯草汤，虽然有些甜，但总觉得没有奶奶蒸的那个味道了。我呆呆地坐在屋门口的石墩上，想起了往事！

后　记

　　客家人是分布很广的一个族群，世界各地都有客家人的足迹，客家文化闻名遐迩。作为客家人，我从小就在客家文化的熏陶下长大，对客家文化有着特殊的感情。近几年来，因为工作的关系，我与客家药膳结下了不解之缘，陆陆续续写了一些客家药膳的科普文字。由于年纪的增大，我常常想起早年家乡的美食，也写了一些客家美食的文章。这些文字有幸被福建省名中医、龙岩市中医院章浩军副院长看到，他感慨于我的客家文化情怀，鼓励我结集出版。浩军主任和副主任医师余裕昌、副主任药师肖佳娜一起，为本书的出版做了很多具体的推动工作。在他们的鼓励之下，我把写的东西进行了汇总，取名《食养客家》。

　　龙岩市上杭县图书馆在客家文化研究、推广方面，做了大量卓有成效的工作。郭晓红馆长在得知这一情况后，亲自打来电话，要我寄去汇总材料，并积极协调，取得相关领导和部门的支持，计划由上杭县图书馆组织力量编写，但是我总感觉文字还很粗糙，还不能达到出版的要求。

　　正在这个时候，我有幸结识了来龙岩讲课的中国中医科学院杨威研究员。杨威研究员不仅学术底蕴深厚，而且对客家文化十分推崇，得知我准备汇集出版《食养客家》，他给了我很多鼓励并提笔作序，令我十分感动。本书的出版有赖于各方面的大力支持，是朋友、兄长热情鼓励的结果。书中保留了一些传统客家美食的做法，还参考了很多客家文化的文章。龙岩市中医院张端端副主任医师和一些朋友为本书提供了一些资料，在此一并表示衷心感谢！

　　由于本人才疏学浅，书中若有遗漏、谬误之处，请各位读者指正，以便再版时修正。也期望本书能引起读者对客家饮食养生文化的共鸣！

张寿应

于2023年春